ARCHIV FÜR TIERERNÄHRUNG

HERAUSGEGEBEN VON

ERNST MANGOLD †

Prof. Dr. med. Dr. phil. Dr. med. vet. h. c. Dr. agr. h. c. Dr. agr. h. c.

Direktor em. des Instituts für Tierernährungslehre

der Humboldt-Universität Berlin

11. BAND

Ausgegeben am 1. JUNI 1962

HEFT

5

AKADEMIE-VERLAG · BERLIN

ARCH. TIERERNÄHRUNG · 11. BAND NR. 5 · S. 321–392 · BERLIN · 1. AUGUST 1961

INHALT

Das Archiv für Tierernährung erscheint zweimonatlich in Heften zu 80 Seiten im Format 17,5 × 25 cm unbeschnitten. Der Preis des Heftes beträgt DM 8,50. 6 Hefte werden zu einem Band vereinigt. Der Besteller muß sich zur Abnahme eines Bandes verpflichten. Die Hefte werden jeweils einzeln berechnet. Im Jahre erscheint nicht mehr als 1 Band. Bestellungen werden direkt an den Akademie-Verlag GmbH, Berlin W 8, Leipziger Straße 3–4, oder über eine wissenschaftliche Buchhandlung erbeten.

Manuskriptsendungen — zugelassen sind die vier Kongreßsprachen — sind an Herrn Prof. Dr. Andreas Hock oder Herrn Dr. Hans Bergner, Institut für Tierernährungslehre, Berlin N 4, Invalidenstraße 42, zu richten. Mit der Veröffentlichung geht das alleinige Verlagsrecht an das Archiv für Tierernährung über. Daher müssen Arbeiten, die bereits an anderer Stelle veröffentlicht worden sind, zurückgewiesen werden. Die Verfasser verpflichten sich, Manuskripte, die vom Archiv für Tierernährung angenommen worden sind, nicht an anderer Stelle zu veröffentlichen.

Die Verfasser erhalten von größeren wissenschaftlichen Arbeiten 50 Sonderdrucke unentgeltlich. Den Manuskripten beiliegende Zeichnungen müssen sauber, in zweifacher Größe ausgeführt sein. Wenn sie nicht voll reproduktionsfähig nach den Vorschriften des Normblattes DIN 474 eingereicht werden, ist die Beschriftung nur mit Bleistift einzutragen. Zur Herstellung von Netzätzungen sind nur einwandfreie Photographien brauchbar.

Für alle Literaturzitate sind die Vorschriften des Normblattes DIN 1502 und 1502 Beiblatt I maßgebend. Die Zitate müssen den Verfasser (mit den Anfangsbuchstaben der Vornamen), den vollständigen Titel der Arbeit und die Quelle mit Band, Seitenzahl und Erscheinungsjahr enthalten. Das Literaturverzeichnis soll alphabetisch geordnet sein.

Herausgeber und verantwortlich für den Inhalt: Prof. Dr. med. Dr. phil. Dr. med. vet. h. c. Dr. agr. h. c. Dr. agr. h. c. Ernst Mangold †. Verlag: Akademie-Verlag GmbH, Berlin W 8, Leipziger Straße 3-4 (Fernruf 22 04 41; Telex-Nr. 011773; Postscheckk. Berlin: 35021). Bestell-Nr. d. Heftes: 1010/XI/5. Das Archiv für Tierernährung erscheint jährlich in 1 Band zu 6 Heften. Bezugspreis je Einzelheft DM 8,50 ausschließlich Porto und Verpackung. Satz und Druck: Robert Noske, Borna (Bez. Leipzig). Veröffentlicht unter der Lizenznummer 5003 des Ministeriums für Kultur.

N. PLATIKANOW und *S. SANDEW*

Über die bei der Einsäuerung von Grünmais mit und ohne Zusatz von Harnstoff auftretenden Veränderungen im Aminosäuregehalt

Der Umstand, daß die Wiederkäuer durch die Tätigkeit von Mikroorganismen im Pansen die synthetischen stickstoffhaltigen Verbindungen verwerten können, gab den Anlaß zu der Annahme, daß der Harnstoff und die Ammoniumverbindungen, durch die Gärungsvorgänge bei der Einsäuerung von Grünfutter, für die Ernährung der Tiere günstige Veränderungen erfahren können. Die Versuche mit Einsäuerung von Grünmais unter Zusatz der genannten Verbindungen haben gezeigt, daß der Zusatz von solchen Verbindungen kein Hindernis für die Gewinnung von hochwertigem Gärfutter darstellt, und daß die beigemengten Verbindungen die Silage an verdaulichem Rohprotein bereichern [1, 3, 6, 11, 12 13]. Was die Veredelung der stickstoffhaltigen Substanzen durch den Zusatz von Harnstoff und Ammoniumverbindungen als Ergebnis der Tätigkeit von Mikroorganismen im eingesäuerten Grünfutter anbelangt, so sind die diesbezüglichen Ergebnisse nicht eindeutig.

Die Frage nach den Veränderungen der stickstoffhaltigen Substanzen während der Gärungsvorgänge in der Gärfuttermasse ist von Interesse nicht nur, wenn die Einsäuerung mit Zusatz einer synthetischen stickstoffhaltigen Verbindung erfolgt, sondern auch dann, wenn man ohne Zusatz solcher Verbindungen arbeitet. K. SCHARRER und K. O. RÄKER [9] haben festgestellt, daß die Menge einiger Aminosäuren in angesäuerter Grünluzerne durch den Zusatz verschiedener Konservanten bis um 30 % herabgesetzt wird. Deshalb stellt NEHRING [7] mit Recht die Frage nach der Notwendigkeit heraus, die Strukturänderungen der stickstoffhaltigen Substanzen bei der Einsäuerung zu ermitteln.

Um einen Beitrag zur Klärung der Frage von den im Harnstickstoff und im Rohprotein überhaupt während der Einsäuerung eintretenden Veränderungen zu leisten, haben wir die Untersuchungen vorgenommen, die den Gegenstand dieses Berichtes bilden.

Eine Menge von 2400 kg gewöhnlichem Grünmais der gelben Dobrudshasorte wurde nach abgeschlossener Milchreife im Anfang der Milch-Wachsreife gehäckselt, in zwei gleiche Portionen geteilt, eine der Portionen dann mit 20 l wäßriger Lösung, die 6 kg Harnstoff enthielt, bespritzt und sorgfältig vermischt, sodann beide Portionen getrennt in zwei speziell für Versuchszwecke gebauten Betonsilos eingesäuert. Nach einer über fünf Monate lang dauernden Konservierung wurden die Silos abgedeckt und die Silagen untersucht.

Die Silage der beiden Silos erwies sich von gleich guter Qualität, mit einer völlig erhaltenen Struktur; die pH-Zahl der Silage ohne Harnstoffzusatz betrug 3,65 und die der Silage mit Zusatz von Harnstoff – 3,75. Die Zusammensetzung der Trockensubstanz der beiden Silagen im Vergleich zum Ausgangsmaterial ist aus der Tabelle 1 ersichtlich.

Tabelle 1

	org. Substanz %	Roh-protein %	rein Eiweiß %	Roh-fette %	Roh-faser %	N-freie Extraktst. %	Roh-asche %
Grünmais	94,55	8,42	6,42	2,62	23,97	59,54	5,45
Silage ohne Harnstoffzusatz	94,51	8,54	5,88	2,21	26,86	56,90	5,49
Silage mit Harnstoffzusatz	94,19	11,72	6,19	3,18	26,28	53,01	5,81

Zum Vergleich des Gehaltes an essentiellen Aminosäuren in den beiden Maissilagen und in dem Ausgangsmaterial wurden die Aminosäuren durch Papier-Chromatografie und densitometrische Ablesung der Farbfleckenintensität [8] bestimmt (siehe Tabelle 2).

Tabelle 2

	Gehalt in % in Rohprotein			Gehalt in % der Summe der Aminosäuren im Hydrolysat		
	im Grünmais	Silage ohne Harnstoff	Silage mit Harnstoff	im Grünmais	Silage ohne Harnstoff	Silage mit Harnstoff
Arginin	5,87	5,56	4,00	6,25	6,05	5,81
Lysin	4,90	4,44	3,64	5,20	4,84	5,05
Histidin	1,64	1,55	1,05	1,74	1,65	1,76
Cystin	1,00	Spuren	Spuren	1,06	Spuren	Spuren
Methionin	2,17	1,90	1,58	2,30	2,05	2,25
Vallin	4,00	3,78	2,68	4,25	4,10	3,80
Threonin	4,32	4,25	3,01	4,57	4,60	4,26
Tyrosin	3,20	2,52	2,24	3,42	2,73	3,15
Phenylalanin	4,61	3,90	3,30	4,88	4,23	4,61
Leuzin + Isoleuzin	13,68	12,02	10,18	14,54	14,78	14,06

Die mikrobiologischen und biochemischen Vorgänge während des Einsäuerungsprozesses haben im Aminosäurengehalt der Proteine im Grünmais wesentliche Veränderungen herbeigeführt. Dabei hat sich der relative Anteil der einzelnen essentiellen Aminosäuren sowohl in der Gesamtmenge des Rohproteins, als auch in der Gesamtmenge der Aminosäuren im Hydrolysat vermindert.

Ein deutlicheres Bild von den Veränderungen im Aminosäuregehalt der Proteine der beiden untersuchten Silagen geben die Zahlen der absoluten Mengen der essentiellen Aminosäuren in 1 kg Rohmasse, die in der Tabelle 3 angegeben sind, wieder.

Tabelle 3

Aminosäuren	Grünmais g	Silage ohne Harnstoffzusatz g	Silage mit Harnstoffzusatz g
Arginin	1,33	1,07	1,12
Lysin	1,11	0,86	1,02
Histidin	0,37	0,30	0,29
Cystin	0,23	Spuren	Spuren
Methionin	0,49	0,37	0,44
Vallin	0,90	0,73	0,75
Threonin	0,98	0,82	0,84
Tyrosin	0,72	0,49	0,63
Phenylalanin . . .	1,04	0,75	0,92
Leuzin + Isoleuzin .	3,09	2,32	2,85
Gesamtsumme	**10,26**	**7,71**	**8,86**

Aus den in der Tabelle 3 enthaltenen Angaben geht deutlich hervor, daß die bei der Gärung eingetretenen Veränderungen in dem Aminosäurengehalt des Grünmaises die biologische Wertigkeit der im Grünmais enthaltenen Proteine herabgesetzt haben. Die absolute Gesamtmenge der essentiellen Aminosäuren ist vermindert, die mengenmäßige Abnahme der Aminosäuren in der Silage mit Harnstoffzusatz ist jedoch geringer als in der Silage ohne Harnstoffzusatz; im Gärfutter ohne Harnstoffzusatz beträgt die Abnahme 24,85%, in dem mit Harnstoffzusatz – 13,64%. Die mengenmäßigen Unterschiede zwischen der Summe der essentiellen Aminosäuren im Grünmais und in der Silage übersteigen wesentlich den Fehler bei der Bestimmung der Aminosäuren nach der angewandten densitometrischen Methode und können deshalb als real angesehen werden.

Real sind auch die Differenzen zwischen den Mengenwerten der zyklischen Aminosäuren Tyrosin und Phenylalanin, sowie den Mengenwerten des Leuzins + Isoleuzins, des Lysins und sogar des Methionins in den beiden Silagen. Die Silage mit Harnstoffzusatz ist etwas reicher an den erwähnten Säuren als die Silage ohne Harnstoffzusatz.

Der Index der essentiellen Aminosäuren nach OSER (EAA-Index) beträgt:

	Grünmais	Silage ohne Harnstoffzusatz	Silage mit Harnstoffzusatz
EAA-Index des Rohproteins	72	61	48
EAA-Index auf die Summe der Aminosäuren im Hydrolysat bezogen	75	67	69

Die biologische Wertigkeit der Proteine im Grünmais ist also durch die Gärung vermindert, der Zusatz von Harnstoff hat jedoch zu einer Abschwächung dieser Verminderung beigetragen. Ob der günstigere Aminosäurengehalt der mit Harnstoffstickstoff angereicherten Silage auf eine Umwandlung des Harnstoffstickstoffs in Eiweißstickstoff oder auf eine Abschwächung des Eiweißabbaues durch das Vorhandensein bedeutender Mengen nichteiweißartigen Stickstoffs zurückzuführen ist, konnte aus unseren Versuchen nicht festgestellt werden. Höchstwahrscheinlich wird ein Teil des Harnstoffstickstoffs zu Beginn der Gärungsvorgänge im Silo bei der stürmischen Vermehrung der Hefen von diesen letzteren zum Aufbau ihrer Körpersubstanz aufgebraucht.

In einem vergleichenden *Verdauungsversuch* mit zwei Gruppen von je drei Hammeln wurde festgestellt, daß die Tiere die mit Harnstoff angereicherte Silage gern aufnehmen, mit einem nicht schlechteren Appetit als die Silage ohne Harnstoffzusatz. Bei diesen Versuchen wurden die in der Tabelle 4 angegebenen Verdauungskoeffizienten der Nährstoffe der mit Beteiligung der beiden Silagen aufgestellten Futterrationen ermittelt.

Tabelle 4

Futterrationen	Hammel Nr.	Verdauungskoeffizienten							Roh-asche
		Trocken-substanz	org. Subst.	Roh-protein	Rein-eiweiß	Roh-fett	Roh-faser	N-freie Extrakt-stoffe	
600 g Luzerneheu + 2700 g Silage ohne Harnstoff	4	61,36	64,50	67,89	67,60	57,14	58,18	68,38	27,38
	6	60,69	64,02	66,71	65,00	52,04	57,53	68,52	21,91
	7	62,54	65,35	69,38	68,49	55,57	59,42	68,91	32,08
	im Mittel	**61,53**	**64,62**	**67,99**	**67,03**	**54,98**	**58,38**	**68,00**	**27,12**
600 g Luzerneheu + 2700 g Silage mit 0,5 % Harnstoff-zusatz	10	63,43	66,38	73,49	67,50	73,73	58,14	69,08	31,60
	11	61,92	65,49	71,98	66,32	70,38	58,45	67,75	23,50
	12	62,44	65,10	73,29	67,07	70,88	56,36	67,91	33,48
	im Mittel	**62,60**	**65,66**	**72,92**	**66,96**	**71,66**	**57,65**	**68,24**	**29,63**

Wenn wir die Verdauungskoeffizienten der beiden Futterrationen vergleichen, so können wir feststellen, daß wesentliche Unterschiede zwischen ihnen nur in bezug auf das Rohprotein und Rohfett bestehen. Der Zusatz von Harnstoff zu dem Grünmais bei der Einsäuerung hat lediglich die Verdaulichkeit des Rohproteins erhöht, ohne die Verdaulichkeit des Reineiweißes zu beeinflussen. Die Verdaulichkeit des Harnstickstoffs, nach der Differenz zwischen der Verdaulichkeit des Rohproteins der beiden Futterrationen errechnet, belief sich auf 94,43 %.

Die hohe Verdaulichkeit des Harnstoffstickstoffs wurde von den Tieren nicht verwertet. Der durch die Wände des Verdauungsapparates resorbierte Hanstoffstickstoff hat die Stoffwechselprozesse im tierischen Organismus intensiviert, und die Menge des im Harn ausgeschiedenen Stickstoffs ist wesentlich größer. Infolgedessen war die Stickstoffbilanz merkbar ungünstiger geworden. Es scheint, daß die in der ersten Futterration enthaltenen Proteine den Stickstoffbedarf der

Tiere gedeckt haben, wobei der zugesetzte Harnstoffstickstoff nicht nur überschüssig, sondern direkt schädlich geworden ist. Über ähnliche negative Auswirkung des überschüssigen Harnstoffstickstoffs berichten auch andere Verfasser[4, 10].

Die *Stickstoffbilanz* in diesen Versuchen ist aus der Tabelle 5 zu ersehen.

Tabelle 5

Futterration	Hammel Nr.	Mit der Futterration aufgenommener N (g)	Ausgeschiedener N (g)			Angesetzter (+) od abgebauter (—) N (g)
			im Kot	im Harn	insgesamt	
600 g Luzerneheu + 2700 g Maissilage ohne Harnstoffzusatz	4	20,20	6,47	14,92	21,39	— 1,19
	7	20,20	6,19	14,25	20,44	— 0,24
	im Mittel	**20,20**	**6,33**	**14,58**	**20,91**	**— 0,71**
600 g Luzerneheu + 2700 g Maissilage mit Harnstoffzusatz	10	24,87	6,59	21,55	28,14	— 3,27
	11	24,87	6,97	22,42	29,39	— 4,52
	12	24,87	6,64	18,94	25,58	— 0,71
	im Mittel	**24,87**	**6,73**	**20,97**	**27,70**	**— 2,83**

In einem weiteren ähnlichen Versuch mit denselben zwei Gruppen von je drei Hammeln, jedoch bei einem anderen Mengenverhältnis zwischen dem Heu- und Silageanteil in der Futterration, wurden analoge Ergebnisse erzielt, und zwar eine gesteigerte Verdaulichkeit des Rohproteins und Rohfettes, ein intensivierter Stoffwechsel und als Folge davon eine negative N-Bilanz.

Zusammenfassung

Bei Vergleichsuntersuchungen von Grünmais und eingesäuertem Grünmais mit Zusatz von 0,5% Harnstoff und ohne Harnstoffzusatz zu der Silage, sowie bei vergleichenden Verdauungsversuchen mit zwei Gruppen von je drei Hammeln zur Bestimmung der Verdaulichkeit der aus den beiden Silagen aufgestellten Futterrationen wurden folgende Ergebnisse erhalten:

1. Der Zusatz von 0,5% Harnstoff zum Grünmais bei der Einsäuerung hindert nicht die Herstellung von hochwertiger Silage, die von den Tieren gern aufgenommen wird. Durch einen derartigen Zusatz wird das Gärfutter an verdaulichem Rohprotein bereichert, während der Reineiweißabbau dabei vermindert wird.

2. Der Gehalt an essentiellen Aminosäuren im Grünmais wird durch die Einsäuerung herabgesetzt. Besonders stark beeinflußt wird das Cystin, von dem nur Spuren vorgefunden werden.

3. Der der Silagemasse bei der Einsäuerung zugesetzte Harnstoff trägt dazu bei, die Abnahme der Aminosäuren während des Gärungsprozesses abzuschwächen. In unserem Fall beträgt die Gesamtmenge der essentiellen Aminosäuren in der Silage ohne Harnstoffzusatz 75,15% und mit Harnstoffzusatz 86,36% der Gesamtmenge der Aminosäuren im Ausgangsmaterial.

4. Der Gehalt an essentiellen Aminosäuren der beiden Silagen ist unterschiedlich hauptsächlich in bezug auf die aromatischen Säuren – Tyrosin und Phenyl-

alanin, sowie auch auf Leuzin + Isoleuzin und Lysin; in der Silage mit Harnstoffzusatz ist der Gehalt an diesen Aminosäuren höher.

5. Der EAA-Index des Rohproteins im Grünmais beträgt 72, im Gärfutter ohne Harnstoffzusatz – 61 und im Gärfutter mit Harnstoffzusatz – 48; auf die Gesamtmenge der Aminosäuren in dem Hydrolysat bezogen beläuft sich der EAA-Index entsprechend auf 75, 67 bzw. 69.

6. Der Zusatz von Harnstoff zum Gärfutter steigert die Verdaulichkeit des Rohproteins der Futterrationen, bei denen das normale Gärfutter durch eine mit Harnstoffzusatz angereicherte Silage ersetzt wird. Diese Steigerung ist auf die höhere Verdaulichkeit des Harnstoffstickstoffs – in unserem Falle 95,43% – zurückzuführen. Der Zusatz von Harnstoff zu Futterrationen jedoch, die in bezug auf die verdaulichen Proteine ausgeglichen sind, ist nicht nur nutzlos, sondern sogar schädlich.

Literaturverzeichnis

[1] BESENKO, S. P.: Fütterungseffekt der mit Harnstoff und Amoniumsulfat angereicherten Grünmaissilage (Russ.). Shiwotnowodstwo (Tierzucht), **22**, 8, 46, 1960.

[2] BLISNÜK, N.: Versuche über die Anwendung von Harnstoff bei der Fütterung des Rindviehs (Russ.). Molotschnoe i mjasnoe skotowodstwo (Milch- und Fleischrinderzucht), 3, 17, 1960.

[3] GRADUSSOW, U. N.: Untersuchungen über den Fütterungseffekt des Harnstoffs als Ersatz für unzureichenden Proteingehalt der Futterrationen von tragenden und säugenden Mutterschafen (Russ.). Dissertation (Autoreferat), Moskau 1958.

[4] LASSITER, C. A., GRIMES, R. M., DUNKAN, C. W. u. C. F. HUFFMAN: High level urea feading to dairy cattle. I. Effect of high level urea feading on the growth and metabolism of growing dairy heifers without sulfer supplementation. Dairy sc., **41**, 281, Febr. 1958 Ref. in LZ, III.), 4, 848, 1959.

[5] MODJANOW, A. W., KOSMANISCHWILI, A. T. u. E. W. KISSELOW: Harnstoff und Amoniumsulfat als Quelle zur Anreicherung von Maissilage (Russ.), Shiwotnowodstwo (Tierzucht). **20**, 7, 22, 1958.

[6] MOJSSEENKO, N.: Beratung über die Anwendung des Harnstoffs in der Tierhaltung (Russ.), Molotschnoe i mjasnoe skotowodstwo (Milch- und Fleischrinderzucht), 9, 21, 1961.

[7] NEHRING, K.: Problem der Qualitätsforschung in der Tierernährung. Berichte u. Vorträge II. 88, 1955. Deutsche Akademie der Landwirtschaftswiss. zu Berlin.

[8] SANDEW, S.: Eine densitometrische Methode für Bestimmung der Aminosäuren auf Papier. Comptes Rendus de l'Academie bulgare des sciences, 1, 1961.

[9] SCHARRER, K. u. K. O. RÄKER: Der Einfluß der Silierung auf den Aminosäuregehalt der Luzerne. 1. Mitt. Z. Tierphysiol. Tierern. Futtermittelkunde, **13**, 65, Apr. 1958, 2. Mitt. Ebenda, **14**, 108, Apr. 1959.

[10] SCHMANENKOW, N. A.: Wissenschaftliche Grundlagen der Harnstoffanwendung (Russ.). Shiwotnowodstwo (Tierzucht), **22**, 8, 41, 1960.

[11] TOMME, M. F.: Das Problem der Eiweißstoffe in der Tierzucht und die Anwendung von synthetischen Stickstoffverbindungen nichteiweißiger Natur (Russ.). Molotschnoe i mjasnoe skotowodstwo (Milch- und Fleischrinderzucht), 9, 26, 1960.

[12] WERESSENKO, K. I.: Silageanreicherung durch organische stickstoffhaltige Substanzen (Russ.). Sbornik nautschnich trudow n. i. instituta lesostepi i podlesja (Sammelband wissenschaftlicher Arbeiten des Forschungsinstitutes für Tierzucht der Waldsteppengebiete), **27**, 205, 1958.

[13] WETTERAU, H.: Versuche zur Steigerung des Stickstoffgehaltes von Maissilage durch Harnstoffzusatz. Der Wert solcher ergänzten Silage für Wiederkäuer nach N-Bilanz und Verdaulichkeitsversuchen mit Hammeln. Arch. Tierernähr. 9, 454, 1959.

Eingegangen am 5. 4. 1961

Aus dem Institut für Tierzucht der Friedrich-Schiller-Universität Jena
(Direktor: Prof. Dr. Dr. h. c. F. HOFMANN)

W. SCHLEGEL H. JAEHNE

Möglichkeiten der Technisierung im Abferkelstall durch den Einbau von Futterautomaten

In den vergangenen Jahren ist es mit Hilfe der Techniker gelungen, den Arbeitsaufwand in der Feldwirtschaft weitgehend zu senken. Bei den Stallarbeiten dagegen fängt man jetzt erst an, von der traditionsgebundenen, veralteten Arbeitsorganisation abzugehen. In den Schweinemastställen ist durch die Großbuchtenhaltung mit den verschiedenen Formen der Futterautomaten und Entmistungsmöglichkeiten der Anfang getan.

Die Mechanisierung im Abferkelstall kann durch die vielen Buchtenabtrennungen und die individuelle Betreuung der Sauen keinen zu großen Umfang einnehmen. Lediglich das Füttern und zum Teil auch das Tränken ist zu vereinfachen.

Im vorliegenden Versuch sollte geprüft werden, wie sich ein uneingeschränktes Angebot von Kraftfutter aus Automaten an die Zuchtsauen während der Säugeperiode auf den Futterverbrauch, die Gewichtsentwicklung der Sauen und Ferkel sowie auf die Rentabilität auswirkt.

Zu diesem Zwecke sind auf dem Lehr- und Versuchsgut Jena-Zwätzen sechs der Abferkelbuchten mit Futterautomaten ausgerüstet worden (siehe Abb. 1–3). In den dazugehörigen Beifutterbuchten der Ferkel wurden ebenfalls Futterautomaten aufgestellt (Abb. 4). Bei den sechs Vergleichswürfen wurde die Fütterung in der üblichen Weise aus Trögen vorgenommen. Während die Tiere der Versuchsgruppe I ausschließlich Kraftfutter aus den Automaten bis zur Sättigung bekamen, erhielten die Sauen der Vergleichsgruppe neben beliebigen Mengen Rüben höchstens 4 kg Kraftfutter. Den Ferkeln stand in jedem Fall Beifutter zur beliebigen Aufnahme zur Verfügung. Die Futtermischungen für die Sauen und auch für die Ferkelbeifütterung waren in ihrer Zusammensetzung einheitlich.

Das Sauenfutter hatte folgende Zusammensetzung:

55% Gerstenschrot
23% Weizenkleie
15% Haferschrot
5% Fischmehl
2% Mineralstoffe

Abb. 1. Sauenfutterautomat, der auf den geteilten Futtertrog aufgesetzt wurde. Ein Winkeleisen teilt den Freßplatz und verhindert so ein Herausschleudern des Trockenfutters. Durch die halbkreisförmige Öffnung konnte vom Stallgang aus getränkt werden

Abb. 2. Ansicht vom Stallgang auf die für den Versuch erbrachten Automaten

Zusätzlich erhielt jede Sau je Tag 12 Liter Magermilch. Die Kraftfuttermischung für die Beifütterung der Ferkel hatte im Versuchsabschnitt A eine andere Zusammensetzung als im Versuchsabschnitt B, wie nachstehende Aufstellung zeigt (Tab. 1).

Abb. 3. Die angebrachten Futterautomaten fügen sich in harmonischer Weise in das Stallbild ein

Abb. 4. Ferkelbeifutterbucht mit Trockenfutterautomat und Tränkgelegenheit

Tabelle 1.
Verwendete Kraftfuttermischungen bei der Ferkelbeifütterung

Futtermittel	Versuchsabschnitt A 14. bis 28. Lbtg.	Versuchsabschnitt B 29. bis 56. Lbtg.
Gerstenschrot	30%	30%
Haferschrot ges.	20%	20%
Weizenschrot	20%	20%
Eiweißkonzentrat	20%	24%
Ferkopan	7%	4%
Mineralstoffgemisch	3%	2%

Die Zusammensetzung des Eiweißkonzentrates war folgende:

40% Fischmehl
10% Tierkörpermehl
8% Futterhefe
38% Sojaschrot
4% kohlensauerer Kalk

Bei der Mischung A enthielten 1000 Gramm der Futtermischung 157 g verdauliches Rohprotein und 618 g Gesamtnährstoffe, bei der Mischung B entsprechend 177 g verdauliches Rohprotein und 646 g Gesamtnährstoffe.

In der 6. Woche wurden zusätzlich pro Wurf täglich 2 kg dicksaure Magermilch verabreicht. In der 7. Woche wurde die Gabe auf 4 kg und in der 8. Woche auf 6 kg erhöht.

Die Verdaulichkeit der Beifuttermischungen belief sich auf 79% bei der Mischung A und auf 80% bei der Mischung B.

Die Versuchsdauer erstreckte sich über die Monate Januar, Februar und März. Die verabreichten Futtermittel wurden während der gesamten Säugeperiode registriert und das verbleibende Kraftfutter aus den Automaten wöchentlich zurückgewogen. Dabei ergab sich nachfolgender durchschnittlicher täglicher Futterverzehr je Sau in den einzelnen Säugewochen (Tab. 2).

Tabelle 2.
Durchschnittlicher täglicher Futterverzehr je Sau in den einzelnen Säugewochen

Vers.-Gruppe	Futtermittel in kg	Woche 1.	2.	3.	4.	5.	6.	7.	8.
I (Automaten)	Kraftfutter	5,08	6,28	6,06	6,42	7,56	8,23	9,97	9,91
	Magermilch	12	12	12	12	12	12	12	12
II	Kraftfutter	3,35	3,64	3,76	3,83	3,83	3,83	3,83	3,83
	Rüben	2,95	4,31	5,06	5,52	5,76	6,43	6,50	6,17
	Magermilch	12	12	12	12	12	12	12	12

Aus der Tabelle geht hervor, daß die Tiere der Gruppe II die vorgesehenen 4 kg Kraftfutter im Durchschnitt nicht aufnahmen. Die Unterbilanzen ergaben sich, da in den ersten zwei Säugewochen die Mehrzahl der Sauen diese 4 kg Kraftfutter neben den verabreichten Rüben nicht verzehrten und in der folgenden Zeit eine der Sauen wesentlich weniger Kraftfutter und auch Rüben fraß als alle anderen. Ein Vergleich mit den entsprechend erzielten Ferkelgewichten ließ erkennen, daß die Gefräßigkeit der Sauen in engem Zusammenhang mit den Ferkelgewichten steht.

Auch bei der Automatengruppe waren die Unterschiede in der Kraftfutteraufnahme groß. Während die gefräßigste Sau in der achten Säugewoche beispielsweise täglich 11,4 kg aufnahm, lag diese Zahl bei der am wenigsten gefräßigen Sau bei 7,4 kg. In der gesamten Säugezeit fraßen die am Automaten gefütterten 6 Sauen durchschnittlich 416 kg Kraftfutter, im einzelnen 376,3; 429,8; 412,6; 470,2; 354,3 und 456,6 kg.

Die aufgenommenenKraftfuttermengen erscheinen in den letzten Säugewochen sehr hoch. Dazu muß gesagt werden, daß die Ferkel während der gesamten 8 Wochen nur zum Säugen in die Sauenbucht gelassen wurden. Es kam allerdings vor, daß Ferkel während der kurzen Ansetzzeiten nicht zur Sau, sondern an den Automaten gingen.

Bei der Umrechnung der aufgenommenen Futtermittel ergab sich für die Sauen folgender durchschnittlicher täglicher Nährstoffverbrauch in den einzelnen Säugewochen (Tab. 3).

Tabelle 3.

Durchschnittlicher täglicher Nährstoffverbrauch je Sau in den einzelnen Säugewochen

Vers.-Gruppe	Nährstoffe in g	Woche 1.	2.	3.	4.	5.	5.	7.	8.
I	verdauliches Rohprotein	933	1059	1036	1073	1194	1265	1449	1442
	Gesamt-Nährstoffc	4179	4936	4797	4049	5742	6167	7264	7225
II	verdauliches Rohprotein	758	793	808	817	818	820	820	819
	Gesamt-Nährstoffe	3302	3590	3719	3799	3817	3866	3872	3847

Der Nährstoffverbrauch der Versuchsgruppe II, der in der zweiten Hälfte der Säugezeit bei etwa 800 g verdaulichem Rohprotein und 3800 bis 3900 g Gesamtnährstoff liegt, entspricht unseren bisherigen Feststellungen. Die am Automaten gefütterten Sauen zeigen dagegen eine erhebliche Mehraufnahme an Nährstoffen.

Es sei aber bereits an dieser Stelle erwähnt, daß im Durchschnitt aller 12 im Versuch stehenden Sauen 11,3 Ferkel je Wurf mit einem 56-Tagegewicht von 200,0 kg abgesetzt wurden.

Neben dem Futter- und Nährstoffaufwand wurden auch die Gewichtsveränderungen der Sauen festgehalten (Tab. 4). Das Durchschnittsgewicht aller 12 Tiere betrug vor dem Abferkeln 262 kg.

Tabelle 4.
Durchschnittlicher Gewichtsverlust der Sauen in Kilogramm

Vers.-gruppe	durch die Geburt	nach der Geburt bis zum 28. Tag	28. bis 56. Tag	nach der Geburt bis zum 55. Tag
I	22,0	20,83	11,83	32,67
II	22,5	17,83	12,67	30,50

Aus diesen Zahlen der Tab. 4 ist ersichtlich, daß kaum nennenswerte Unterschiede in den Gewichtsabnahmen beider Gruppen bestehen. Die Ergebnisse zeigen auch, daß milchreiche Sauen selbst bei ausschließlicher Kraftfütterung nicht in der Lage sind, ihr Körpergewicht zu erhalten.

Die Ferkelbeifütterung begann am 14. Lebenstag und wurde bei beiden Versuchsgruppen mit Trockenfutter durchgeführt. Dazu hatten die Ferkel Gelegenheit, aus Tontrögen beliebig frisches Wasser aufzunehmen. Rasenbatzen wurden während der ganzen Säugezeit an die Ferkel verabreicht. Der durchschnittliche tägliche Beifutterverzehr der Würfe innerhalb der acht Säugewochen ist der Tab. 5 zu entnehmen.

Tabelle 5.
Durchschnittlicher täglicher Futterverzehr der Würfe in kg bei verschiedener Fütterungstechnik

Fütterungs-abschnitt	Versuchsgruppe I		Versuchsgruppe II		Ø I und II	
	Kraftfutter	Magermilch	Kraftfutter	Magermilch	Kraftfutter	Magermilch
14.–21. Lbtg.	0,045	–	0,040	–	0,043	–
22.–28. „	0,052	–	0,052	–	0,052	–
29.–35. „	0,355	–	0,150	–	0,253	–
36.–42. „	1,364	2,0	0,950	2,0	1,157	2,0
43.–49. „	2,652	4,0	2,817	4,0	2,735	4,0
50.–58. „	4,903	6,0	8,093	6,0	6,498	6,0

Daraus errechnet sich die durchschnittliche Futteraufnahme der Würfe bis zum Ende der einzelnen Lebenswochen in kg (Tab. 6).

Tabelle 6.

Durchschnittliche Futteraufnahme je Wurf bis zum Ende der einzelnen Lebenswochen in kg

Fütterungs-abschnitt	Versuchsgruppe I		Versuchsgruppe II		∅ I und II	
	Kraftfutter	Magermilch	Kraftfutter	Magermilch	Kraftfutter	Magermilch
Geburt—28. Lbtg.	0,7	—	0,7	—	0,7	—
„ —35. „	3,2	—	1,7	—	2,4	—
„ —42. „	12,7	14,0	8,4	14,0	10,5	14,0
„ —49. „	31,3	42,0	28,1	42,0	29,7	42,0
„ —56. „	65,5	84,0	84,7	84,0	75,2	84,0

Bis zum Absetzen der Ferkel am 56. Lebenstag verzehrten die Würfe mit üblicher Fütterungsweise im Durchschnitt 84,7 kg Beifutter. Diese Menge entspricht etwa derjenigen, die auch bei vorangegangenen Versuchen registriert wurde.

Unter Berücksichtigung der Ferkelzahlen geht aus Tabelle 7 der tägliche Futterverzehr je Ferkel hervor.

Tabelle 7.

Durchschnittlicher täglicher Futterverzehr je Ferkel in g bei verschiedener Fütterungstechnik

Fütterungs-abschnitt	Versuchsgruppe I		Versuchsgruppe II		∅ I und II	
	Kraftfutter	Magermilch	Kraftfutter	Magermilch	Kraftfutter	Magermilch
14.—21. Lbtg.	3,69	—	3,79	—	3,74	—
22.—28. „	4,31	—	4,99	—	4,65	—
29.—35. „	29,16	—	14,29	—	21,73	—
36.—42. „	112,13	164,4	90,48	190,5	101,31	177,4
43.—49. „	218,0	328,8	268,25	381,0	243,13	354,9
50.—58. „	397,49	493,2	770,75	571,5	584,12	532,3

Hieraus ist ersichtlich, daß in den letzten zwei Säugewochen die Tiere der Automatengruppe wesentlich weniger Beifutter aufnahmen als die der Vergleichsgruppe. Dies ist sicher auf die größere Milchergiebigkeit der an den Automaten gefütterten Sauen zurückzuführen.

Die geringe Futteraufnahme der Gruppe I spiegelt sich in dem durchschnittlichen täglichen Nährstoffverbrauch je Wurf und auch je Ferkel wieder (Tab. 8).

Entsprechend der hohen Nährstoffaufnahme war die Gewichtsentwicklung der Ferkel wie Tab. 9 sie zeigt.

Tabelle 8.
Durchschnittlicher täglicher Nährstoffverbrauch je Wurf und Ferkel bei verschiedener Fütterungstechnik

Vers.-gruppe	Nährstoffe in g	Bezugs-einheit	Woche 3.	4.	5.	6.	7.	8.
I	verd. Roh-protein	je Wurf	7,85	9,73	66,42	321,2	628,2	1115,4
		je Ferkel	0,64	0,81	5,46	26,40	51,64	90,65
	Gesamt-nährstoff	je Wurf	30,19	35,17	240,12	1084,6	2117,8	3802,4
		je Ferkel	2,48	2,92	19,72	89,16	174,09	308,81
II	verd. Roh-protein	je Wurf	6,98	9,73	28,07	243,75	659,06	1712,2
		je Ferkel	0,66	0,93	2,67	23,22	62,76	163,07
	Gesamt-nährstoff	je Wurf	26,84	35,17	101,46	804,58	2229,42	5960,11
		je Ferkel	2,54	3,38	9,67	76,63	212,31	567,63

Tabelle 9.
Gewichtsentwicklung der Ferkel bei verschiedener Fütterungstechnik

∅ Gewichte am:	Versuchsgruppe I		Versuchsgruppe II		∅	
	Wurfgew.	Einzelgew.	Wurfgew.	Einzelgew.	Wurfgew.	Einzelgew.
Tage d. Geb.	19,52	1,30	15,46	1,14	17,49	1,23
14. Leb.Tag	47,48	3,85	37,96	3,45	42,72	3,66
28. „	82,52	6,78	71,33	6,79	76,93	6,79
56. „	221,42	18,20	177,63	16,92	199,53	17,61

Das 56.-Tage-Gewicht der 12 Würfe beträgt im Durchschnitt 200,0 kg und das durchschnittliche Einzelferkelgewicht 17,6 kg. Die Gewichte liegen weit über dem Normalwert und spiegeln eine optimale Sauen- und auch Ferkelbeifütterung wieder. Dies geht auch daraus hervor, daß die bereits sehr hohen durchschnittlichen 4-Wochengewicht von 82,5 kg bei der Automatengruppe und von 71,3 kg bei der Versuchsgruppe II bis zum 56. Lebenstag mehr als verdoppelt wurden.

Der Durchschnitt der 6 aus Automaten gefütterten Würfen ist den 6 übrigen Würfen im Absetzgewicht um 43,79 kg überlegen. Auch bei Berücksichtigung der etwas höheren Ferkelzahlen ist das der Fall, wie aus der Gegenüberstellung der Einzelgewichte ersichtlich ist.

Den durchschnittlichen Absetzgewichten kann der durchschnittliche Aufwand an Sauen- und Ferkelfutter gegenübergestellt werden. Die Schwankungen der Sauengewichte bleiben unberücksichtigt, da die Durchschnitte beider Gruppen etwa übereinstimmen.

Die durchschnittlichen Wurfgewichte beim Absetzen der Gruppen wurden mit folgenden Futtermengen erzielt:

Futtermittel	Tiergruppe	Gruppe I	Gruppe II
Kraftfutter	Sauen	415,2 kg	189,3 kg
Kraftfutter	Ferkel	65,6 kg	84,7 kg
Rüben	Sauen	—	267,0 kg
Magermilch	Sauen	672,0 kg	672,0 kg
Magermilch	Ferkel	84,0 kg	84,0 kg

Diese Futterrationen wurden auf Gesamtnährstoffe umgerechnet. Es ergab sich, daß der Mehrzuwachs von 44 kg pro Wurf bei der Automatengruppe mit 88,9 kg Gesamtnährstoffen erzielt wurde. Rechnet man bei guter Fütterung der Absatzferkel mit etwa 2,0 bis 3,0 kg Gesamtnährstoffen für die Erzielung von 1 kg Zuwachs, so hätten die von der Gruppe I durchschnittlich erzeugten 44 kg Mehrgewicht nach dem Absetzen nicht günstiger produziert werden können, vor allem dann nicht, wenn man bedenkt, daß man hierfür keinen zusätzlichen Arbeitsaufwand und Stallraum benötigte und eine hohe Arbeitsproduktivität erzielt. Damit ist das Kraftfutter, das den Tieren der Gruppe I zur beliebigen Aufnahme zur Verfügung stand, sehr günstig ausgenutzt worden.

Abschließend sollte noch geprüft werden, wie sich eine Kraftfuttersattfütterung auf das finanzielle Ergebnis des Betriebes auswirkt.

Hier standen sich folgende Geldbeträge für die Futtermittel gegenüber:

	Gruppe: I	Gruppe: II
Kraftfutter der Sauen	112,06 DM	51,09 DM
Magermilch der Sauen	40,32 DM	40,32 DM
Kraftfutter der Ferkel	30,47 DM	39,33 DM
Magermilch der Ferkel	5,04 DM	5,04 DM
Rüben der Sauen	—	9,36 DM
Gesamtfutterkosten während der Säugezeit:	187,89 DM	145,14 DM

Die Futterkosten pro Wurf betrugen bei den am Automaten gefütterten Sauen und Ferkeln während der Säugeperiode 42,75 DM mehr als bei der Versuchsgruppe, bei der die Sauen neben 4 kg Kraftfutter Rüben bis zur Sättigung erhielten. Diesem finanziellen Mehraufwand stehen 44 kg Ferkelabsetzgewicht mehr gegenüber. Das bedeutet, daß bei einem Verkaufserlös von 5.– DM pro kg Ferkel ein Mehrerlös pro Wurf von 220.– DM erzielt wurde. Werden die 42.75 DM für den erhöhten Futteraufwand in Abzug gebracht, so ergibt sich bei den ausschließlich mit Kraftfutter gefütterten Würfen eine höhere Einnahme von 177,25 DM je Wurf gegenüber der Vergleichsgruppe.

Zusammenfassung

In vorliegendem Versuch sollte geprüft werden, wie sich ein uneingeschränktes Angebot von Kraftfutter aus Futterautomaten an die säugenden Sauen auf den

Nährstoff- und Futterverbrauch, die Gewichtsentwicklung der Sauen und Ferkel, die Futterverwertung, sowie auf die Rentabilität auswirkt. Zu diesem Zweck wurden auf sechs Sauenträge Trockenfutterautomaten aufgebaut. Die dazugehörigen Ferkelbeifutterbuchten erhielten ebenfalls Futterautomaten. Bei sechs Vergleichswürfen wurde die Fütterung der Sauen und auch die der Ferkel in der üblichen Weise aus Trögen vorgenommen. Während die Tiere der Automatengruppe Kraftfutter bis zur Sättigung bekamen, erhielten bei der Vergleichsgruppe nur die Ferkel beliebig viel Kraftfutter und die Sauen neben beliebigen Mengen Rüben bis höchsten 4 kg Kraftfutter. Die Kraftfuttermischungen für die Sauen und auch für die Ferkel sowie die verabreichten Magermilchmengen waren bei beiden Versuchsgruppen gleich.

Der Futterverbrauch während der Säugezeit der an den Automaten gefütterten Sauen betrug im Durchschnitt 416 kg Kraftfutter und lag somit erheblich über den sonst üblichen Futternormen. So wurden in den letzten zwei Säugewochen pro Tier und Tag durchschnittlich etwa 10 kg Kraftfutter aufgenommen, das entspricht mit der verabreichten Magermilch 1448 g verdaulichem Rohprotein und 7245 g Gesamtnährstoffen. Die Sauen der Vergleichsgruppe lagen dagegen bei dem allgemein heute geforderten Nährstoffverbrauch von 820 g verd. Rohprotein und 3859 g Gesamtnährstoffen. In beiden Gruppen nahmen die Sauen durchschnittlich 30 kg während der Säugezeit ab. Das Absetzgewicht der Ferkelwürfe betrug bei den am Automaten gefütterten Tieren 221,4 kg pro Wurf, bei den Tieren der Vergleichswürfe 177,6 kg. Die 44 kg Mehrzuwachs pro Wurf bei der Automatengruppe wurden mit 88,9 kg Gesamtnährstoffen erzeugt, das entspricht einer Futterverwertung von 1 : 2. Dem Mehrzuwachs von 44 kg pro Wurf bei den Tieren der Automatengruppe steht ein finanzieller Mehraufwand von 42.75 DM gegenüber. Bei einem Verkaufserlös von 5.– DM pro kg Ferkel ergibt sich nach Abzug des Preises für den erhöhten Futteraufwand eine höhere Einnahme von 177,25 DM je Wurf zugunsten der automatengefütterten Tiere.

Eingegangen am 25. 4. 1961

Aus dem Oskar Kellner-Institut für Tierernährung Rostock
(Direktor: Prof. Dr. Dr. h. c. K. NEHRING)

L. HOFFMANN, R. SCHIEMANN und *K. NEHRING*

Die Verwertung reiner Nährstoffe

3. Mitteilung

Versuche mit Ochsen und Hammeln

A. Einleitung und Literaturbesprechung

In den vorangehenden Mitteilungen [12, 10] wurde über Gesamtstoffwechselversuche mit Kleintieren (Kaninchen und Ratten) und mit Schweinen zur Bestimmung der Verwertung einer Reihe von reinen Nährstoffen berichtet. Die diesen Arbeiten zugrundeliegende Problematik wurde einleitend in der 1. Mitteilung [12] erörtert, worauf verwiesen wird. Im Folgenden sollen die durchgeführten Versuche zur Bestimmung des Energieumsatzes einiger reiner Nährstoffe bei Ochsen und Hammeln besprochen werden. Auf die Angabe der einzelnen Grundanalysendaten muß wegen des Umfangs des experimentellen Materials verzichtet werden.*) Die grundsätzliche Arbeitsweise in der Durchführung der Gesamtstoffwechselversuche mit Ochsen und Hammeln kann aus unserer Arbeit zum Problem der Verwertung der Futterenergie in Abhängigkeit vom Ernährungsniveau [14] entnommen werden.

Es ist das große Verdienst Oskar KELLNERs, daß er, aufbauend auf den Respirationsversuchen KÜHNs, erstmalig die Bewertung der Futterstoffe auf der Grundlage ihrer exakten Leistung im tierischen Organismus aufgebaut hat. Die Basis seiner Stärkewertlehre bildeten die Untersuchungen über den Fettproduktionswert reiner Nährstoffe beim ausgewachsenen Ochsen. Die Zahl der von KELLNER [9, 13] ausgewerteten Versuche mit reinen Nährstoffen beträgt 8 für Kartoffelstärke, 3 für Erdnußöl und je 2 für Rohrzucker und Strohstoff. Der energetische Produktionswert der Stärke wurde ferner von ARMSBY [1] in 4 Versuchen ermittelt. Die Ergebnisse von KELLNER und ARMSBY sind jedoch nicht exakt vergleichbar, da die Versuche von ARMSBY teilweise unterhalb des Energiegleichgewichtes angelegt wurden.

Versuche zur Bestimmung der Verdaulichkeit reiner Nährstoffe an Ochsen wurden früher im Institut von NEHRING und FRANKE [4, 11] als Vorarbeit für die entsprechenden Gesamtstoffwechselversuche durchgeführt.

Untersuchungsergebenisse über die Bestimmung des Energieumsatzes reiner Nährstoffe beim Schaf sind vom Institut für Haustierernährung der ETH Zürich [5, 8] veröffentlicht worden.

*) Einzeldaten zu den Versuchen können von Interessenten im Institut eingesehen werden.

In Tabelle 1 sind die in der Literatur vorliegenden Ergebnisse über die Verdaulichkeit der organischen Substanz und die Verdaulichkeit des jeweils zugelegten Nährstoffs bei Ochsen und Hammeln zusammengestellt. Zur weiteren Charakterisierung ist ferner die Höhe der Zulagen angegeben:

Tabelle 1.

Verdaulichkeit reiner Nährstoffe bei Ochsen und Hammeln

zugelegter Nährstoff	Höhe der Zulage kg Tr.-Sbst.	*Verdauungskoeffizienten* Organ. Subst.	jeweiliger Nährstoff	Zahl der Meßwerte	Versuchs-ansteller	Literatur-angabe
		a) Versuche an Ochsen				
Erdnußöl	0,7—0,8	68,2	80,2	3	KELLNER	9; 15
	0,3—0,6	55,6	96,0	8	FRANKE	4
Kleber	1,5	81,1	86,8	4	KELLNER	9; 15
	0,9—2,6	94,3	95,7	12	FRANKE	4
Stärke	1,6—2,0	78,7	90,9	9	KELLNER	9; 15
	0,4—2,0	82,1	93,5	16	NEHRING u. FRANKE	11
	—	91,8	95,5	4	ARMSBY	1
Rohrzucker	1,9	83,5	92,0	2	KELLNER	13; 15
	1,9	90,3	97,1	2	FINGERLING	3
Strohstoff	2,7	88,3	95,8	2	KELLNER	9; 15
		b) Versuche an Hammeln				
Erdnußöl	0,074	—	96,0	2	SCHÜRCH u. JUCKER	5
Eiweißmisch.*)	0,179	78,9	93,5	4	HEIM	5
Stärke	0,085—0,167	84,3	94,2	6	JUCKER	8

Zwischen den von den einzelnen Versuchsanstellern ermittelten Verdauungswerten der Nährstoffe bzw. der organischen Substanz ergeben sich teilweise erhebliche Differenzen, die nicht nur durch unterschiedliche Zulagenhöhen erklärbar sind.

Durch die Zulage der reinen Nährstoffe wird die Verdaulichkeit des Grundfutters in jedem Fall verringert, wie aus dem Vergleich der Verdaulichkeitswerte für die organische Substanz und dem zugelegten Nährstoff ersehen werden kann. Besonders hoch ist die Verdaulichkeitsdepression des Grundfutters durch die Zulage von Öl. Diese Auswirkung läßt Bedenken aufkommen, ob bei einer so starken Beeinflussung der Vorgänge im Verdauungstrakt der Wiederkäuer durch eine hohe Ölzugabe die Messung des Energieumsatzes des Öls bei der erforder-

*) Die Eiweißmischung bestand zu 70% aus Casein und zu je 15% aus Eialbumin und Weizenkleie.

lichen Anwendung des Differenzverfahrens zu reproduzierbaren Ergebnissen führt. Auch bei der Zulage von Stärke und Zucker ergeben sich wesentliche Verdauungsdepressionen des Grundfutters. Demgegenüber halten sich die Verdauungsdepressionen bei der Kleberzulage an Ochsen in engeren Grenzen, während bei der Zulage der Eiweißmischung an Schafe auch eine erhebliche Verdauungsdepression des Grundfutters von HEIM gemessen wurde.

Die Höhe der Energiezufuhr durch die Zulage beträgt in den Versuchen von KELLNER etwa 30% der Bruttoenergie des Grundfutters, während die Zulagehöhen bei den Hammeln bei der Eiweißgabe bei nur 20% der Energie des Grundfutters und bei den anderen Nährstoffen noch niedriger liegen.

Tabelle 2.

Der Energieumsatz reiner Nährstoffe bei Ochsen

Nährstoff	Anzahl der Einzelmeßwerte	Bruttoenergie in cal/g Nährstoff	verdaul. Energie in cal/g Nährstoff	umsetzbare Energie in cal/g verd. Nährstoff	Ansatz in cal/g verd. organ. Substanz	Verwertung in % d. umsetzb. Energie	Versuchsansteller	Literaturangaben
Erdnußöl	3	9468	6526	9053	5685	62,8 ± 5,6	KELLNER	9; 15
Kleber	4	5579	4656	5267	2233	42,4 ± 3,1	KELLNER	9; 15
Stärke	8	4164	3604	3782	2356 [1])	62,3 ± 3,0	KELLNER	9; 15
Stärke [2])	4	4105	3964	3328	1636 [3])	49,2	ARMSBY	1
Rohrzucker	2	3946	3564	3475	1734	49,9 ± 2,2	KELLNER	13; 15
Futterzucker	2	3797	3847	3898	1924	49,4 ± 1,1	FINGERLING	3
verzuck. Stärke	1	4240	3614	3945	2023	51,3	KELLNER	13; 15
Strohstoff	2	4147	3919	3771	2391	63,4 ± 4,4	KELLNER	9; 15

[1]) Ansatz in cal/g verd. Nährstoff.
[2]) Durchführung der Versuche teils unterhalb des Energiegleichgewichtes.
[3]) Ansatz in cal/g Trockensubstanz-Einnahme.

Der Anteil des Proteinansatzes und der Korrekturen am Gesamtansatz

Nährstoff	Proteinansatz %	Futterverzehr-Korr. %	Lebendgew.-Korr. %	Verdaulichkeitskorr. %
Erdnußöl	8,7	(– 0,8)	10,6	(12,7)
Kleber	12,2	(– 6,3)	4,8	(7,5)
Stärke	5,0	(– 0,7)	7,1	11,6
Rohrzucker	22,2	0,5	25,4	(9,7)
Futterzucker	25,9	– 3,9	2,2	(7,0)
(Holzzucker	– 4,4	– 0,3	13,7	(5,9))
verz. Stärke	14,7	1,1	1,8	(21,0)
Strohstoff	8,9	(– 1,0)	4,1	(4,0)

In den Tabellen 2 und 2a sind die in der Literatur vorliegenden Ergebnisse des Energieumsatzes der reinen Nährstoffe bei Ochsen und Hammeln zusammengestellt.

Die in Klammern angegebenen Korrekturgrößen wurden von KELLNER bei der Ansatzberechnung nicht berücksichtigt. (Die Ansatzwerte beziehen sich nicht auf den jeweils verdauten Anteil des zugelegten Nährstoffs, sondern auf die verdaute organische Substanz der Zulage.)

Die Versuchsergebnisse KELLNERs mit reinen Nährstoffen sind verschiedentlich einer kritischen Betrachtung unterzogen worden (s. z. B. SCHIEMANN [15]), so daß auf Einzelheiten hier nicht weiter eingegangen werden soll. Auf die nur bedingte Vergleichbarkeit der Versuchsergebnisse mit Stärke von ARMSBY und KELLNER wurde bereits hingewiesen.

In Anbetracht der Bedeutung der grundlegenden Versuche KELLNERs über den Energieumsatz der reinen Nährstoffe erschien es uns notwendig, an den wichtigsten Nährstoffen die Reproduzierbarkeit der Versuchsergebnisse KELLNERs zu prüfen.

Tabelle 2 a.

Der Energieumsatz reiner Nährstoffe bei Hammeln

Nährstoff	Anzahl der Einzelwerte	Bruttoenergie in cal/g Nährstoff	verdaul. Energie in cal/g Nährstoff	umsetzbare Energie in cal/g verd. Nährstoff	Ansatz in cal/g verd. Nährstoff	Verwertung in % d. umsetzb. Energie	Versuchs-ansteller	Literatur-angaben
Erdnußöl	2	9485	8902	9465	6771	71,5 [1])	SCHÜRCH u. JUCKER	5
Eiweißmischg.	4	5787 [2])	5022	4129	1576	38,2 ± 4,0	HEIM	5
Stärke	4	4185	3866	3661	2504	68,6 ± 1,3 [1])	JUCKER	8

[1]) Proteinansatz auf Fettansatz reduziert
[2]) reines Rohprotein

Der Anteil des Proteinansatzes und der Korrekturen am Gesamtansatz

Nährstoff	Proteinansatz %	Futterverzehr-Korr. %	Lebendgew.-Korr. %	Verdaulichkeitskorr. %
Eiweißmischung	97,3	—	5,8	10,9
Stärke	14,0	4,4	4,4	16,2

Die Versuche mit reinen Nährstoffen an Hammeln, die im Institut für Haustierernährung der ETH Zürich durchgeführt wurden, sind kürzlich von CRASEMANN [2] einer kritischen Analyse unterzogen worden. Bezüglich Einzelheiten wird auf diese Arbeit verwiesen. Auf Grund der „schmalen experimentellen Basis“

(CRASEMANN) dieser Versuche haben wir in unser Versuchsprogramm auch die Bestimmung des Energieumsatzes einiger reiner Nährstoffe an Hammeln aufgenommen, um an einer weiteren Tierart zu prüfen, ob die Nettoenergie reiner Nährstoffe mit ausreichender Sicherheit bestimmt werden kann und die Vorarbeit zur *Klärung der Frage* zu leisten, *ob die Nettoenergie reiner Nährstoffe die geeignete Grundlage für die Berechnung des Produktionswertes von Futterstoffen aus dem Gehalt an verdaulichen Nährstoffen bildet.*

Es kamen daher bei Ochsen und Hammeln folgende Nährstoffe zur Untersuchung: *Erdnußöl, Dorschmehl, Weizenkleber und Kartoffelstärke.* Die Feststellung des Produktionswertes von Cellulose und Saccharose wurde zurückgestellt, um vorerst den energetischen Produktionswert einer Reihe von Futterstoffen zu bestimmen.

B. Eigene Versuche

Zur Bestimmung des Energieumsatzes der reinen Nährstoffe kam das vollständige Differenzverfahren der Anordnung Grundfutterperiode/Zulageperiode/Grundfutterperiode usw. zur Anwendung. Die Versuche wurden an 10 ausgewachsenen Ochsen (Schwarzbuntes Niederungsvieh) und an 8 ausgewachsenen Hammeln (Merinofleischschafe) durchgeführt. Die individuellen Lebendgewichte der Versuchstiere während der Versuchszeit lagen bei den Ochsen zwischen 606 und 816 kg und bei den Hammeln zwischen 47 und 69 kg. 3 Ochsen (Nr. 5, 7 und 9) wurden nach der Zulageperiode mit Kartoffelstärke (1. Zulageperiode) zu anderen Versuchen herangezogen und durch 3 neu eingestellte Tiere (Nr. 8, 10 und 11) ersetzt. Der Umfang der Versuche zur Ermittlung des energetischen Produktionswertes der reinen Nährstoffe ergibt sich aus Tabelle 3.

Tabelle 3.
Anzahl der durchgeführten Versuche

Grundfutter bzw. Zulagen	Ochsen			Hammel		
	durchgeführte	ausgeschaltete	ausgewertete	durchgeführte	ausgeschaltete	ausgewertete
	Versuche			Versuche		
Grundfutter	36	1	35	32	—	32
Erdnußöl	7	—	7	8	3	5
Dorschmehl	4	1	3	4	—	4
Weizenkleber	3	—	3	4	—	4
Kartoffelstärke	7	1	6	7	—	7
insgesamt:	57	3	54	55	3	52

I. Methodischer Teil

Die grundsätzliche Versuchsmethodik war die gleiche wie in den früher [14] mitgeteilten Versuchen zum Problem der Verwertung der Futterenergie in Abhängigkeit vom Ernährungsniveau. Es wird daher im folgenden nur auf das zur Beurteilung der darzustellenden Versuche Notwendige eingegangen; bezüglich weiterer methodischer Einzelheiten wird auf die angegebene Veröffentlichung verwiesen.

1. Die Grundfutterrationen

Die Einwaage der Grundfutterrationen erfolgte jeweils für eine Versuchsperiode nach dem ermittelten Trockensubstanzgehalt, um Futterverzehrkorrekturen weitgehend zu vermeiden. Über Höhe und Zusammensetzung der Grundfutterrationen orientiert Tabelle 4:

Tabelle 4.
Zusammensetzung der Grundfutterrationen

Futtermittel, g Tr.-Subst. Ochsen		Hammel		durchschnittl. Zusammensetzung	Ochsen	Hammel
Wiesenheu	2572	Wiesenheu	800	Organ. Subst.	91,78 %	90,66 %
Kleeheu	1714	Kochsalz	6	Rohprotein	15,78 %	13,75 %
Trockenschnitzel	858		806	Rohfett	2,70 %	4,07 %
Gerstenschrot	428			Rohfaser	24,02 %	28,00 %
Sojaextr.-Schrot	428			NFE	49,27 %	44,84 %
Kochsalz	40			C	44,63 %	44,44 %
	6040			Energie	4359 cal/g	4430 cal/g

Tabelle 5.
Verdaulichkeit des Grundfutters (Angaben in %)

Tier	Organ. Subst.	Roh-protein	Rohfett	Rohfaser	NFE	C	Energie
			a) Ochsen (n = 4—5)				
1	77,0 ± 0,4	68,6	55,6	72,9	82,7	74,2	73,2
2	77,2 ± 0,3	69,5	59,5	73,4	82,6	74,7	73,7
3	77,4 ± 0,4	69,9	58,4	74,6	82,1	74,8	73,8
4	76,5 ± 0,3	68,4	54,8	73,3	81,8	73,9	72,9
8	76,8 ± 0,4	69,3	54,3	73,9	81,8	74,2	73,4
10	77,0 ± 0,3	70,1	49,7	72,8	82,5	74,3	73,3
11	76,5 ± 0,5	69,0	49,9	72,2	82,2	73,8	72,8
Mittel	76,9 ± 0,1	69,3 ± 0,2	54,6 ± 1,4	73,3 ± 0,3	82,2 ± 0,1	74,3 ± 0,1	73,3 ± 0,1
			b) Hammel (n = 4)				
5	71,1 ± 0,7	68,2	52,9	72,2	73,1	67,5	66,6
6	72,6 ± 0,6	69,4	53,0	74,8	74,0	69,1	68,0
7	69,9 ± 0,6	71,0	48,1	70,2	72,2	66,4	65,5
8	69,4 ± 1,0	67,2	49,4	69,9	71,4	65,7	64,9
9	69,0 ± 0,4	65,2	49,2	69,1	71,8	65,2	64,5
10	69,0 ± 0,1	68,3	48,4	68,2	71,6	65,5	64,7
11	69,5 ± 0,9	67,7	50,5	19,6	71,6	66,1	65,4
12	67,4 ± 0,5	62,8	51,0	67,2	70,4	63,9	62,8
Mittel	69,7 ± 0,5	67,5 ± 0,9	50,3 ± 0,7	70,2 ± 0,8	72,0 ± 0,4	66,2 ± 0,6	65,3 ± 0,5

Die verfütterten Rauhfutterstoffe waren künstlich getrocknet. Tabelle 5 enthält eine Zusammenstellung der mittleren Verdauungskoeffizienten des Grundfutters bei den Einzeltieren. Zur Beurteilung der individuellen Varition der Verdauungskoeffizienten ist die Streuung für die organische Substanz angegeben.

In den Versuchen mit Ochsen ist die Übereinstimmung der Verdaulichkeit des Grundfutters sowohl zwischen den Tieren als auch bei den Einzeltieren sehr gut. Demgegenüber ergeben sich in den Versuchen mit Hammeln signifikante Unterschiede der Verdaulichkeit zwischen einzelnen Tieren. So liegt z. B. die Verdaulichkeit der organischen Substanz bei Tier 6 signifikant höher als bei den Tieren 7—12; die Verdaulichkeit der organischen Substanz bei Tier 12 liegt (mit Ausnahme zu den Tieren 8 und 11) signifikant niedriger. Signifikante Differenzen in der Verdaulichkeit des Grundfutters bei Hammeln wurden auch in unseren früheren Versuchen zum Problem der Verwertung der Futterenergie in Abhängigkeit vom Ernährungsniveau [14] gefunden. Es wurde bereits dort auf die Notwendigkeit hingewiesen, daß im Hinblick auf eine Verallgemeinerung von Verdaulichkeitswerten mit einer genügenden Anzahl von Paralleltieren gearbeitet werden muß.

Über den Energieumsatz in den Grundfutterperioden orientiert Tabelle 6. Die Brutto-, die verdauliche und die umsetzbare Energie sind in kcal/kg Tr.-Substanz des Grundfutters angegeben. Zur Erleichterung der Übersicht ist ferner die prozentuale Verdaulichkeit der Energie sowie das prozentuale Verhältnis zwischen umsetzbarer und verdaulicher Energie in die Tabelle aufgenommen. Die angeführten Ansatzwerte sind auf ein mittleres Lebendgewicht der Gruppe von 700 kg bei den Ochsen und 58 kg bei den Hammeln sowie auf gleiche Einnahme an umsetzbarer Energie von 16 640 kcal bei Ochsen und 1934 kcal bei Hammeln korrigiert. Als Korrekturgrößen wurden die aus den umfangreichen Untersuchungen zum Proportionalitätsproblem [14] abgeleiteten Werte angewendet. Zur Einschätzung des Einflusses der Größe der Lebendgewichtskorrektur auf den korrigierten Ansatz ist in Tabelle 6 ferner das durchschnittliche Lebendgewicht der Einzeltiere während der Versuchszeit aufgenommen.

Bis zur Stufe der umsetzbaren Energie ergibt sich bei Ochsen eine sehr gute Übereinstimmung im Energieumsatz des Grundfutters. Auch die Streuungen bei den Einzeltieren liegen sehr niedrig. In der Höhe des energetischen Ansatzes bestehen jedoch erhebliche Differenzen zwischen den einzelnen Tieren. Bei gleicher Einnahme an umsetzbarer Energie und Korrektur der Werte auf gleiches Lebendgewicht ergeben sich für die Einzeltiere Ansatzwerte zwischen 445 kcal und 1925 kcal. Diese Variationsbreite weist auf nicht unerhebliche Differenzen des Erhaltungsstoffwechsels zwischen den einzelnen Tieren hin. Ferner ist auf die verhältnismäßig hohe Streuung der Ansatzwerte in einzelnen Grundfutterperioden, insbesondere bei den Tieren 8 und 2, hinzuweisen, die die Forderung unterstreichen, daß zur Nettoenergiebestimmung von Futterstoffen mit einer größeren Anzahl von Tieren gearbeitet werden und das vollständige Differenzverfahren Anwendung finden muß.

Ein ähnliches Bild ergibt sich aus der Betrachtung des Energieumsatzes der Grundfutterperioden bei Hammeln, nur daß hier auch individuelle Unterschiede in der Verdaulichkeit vorliegen, worauf bereits eingegangen wurde. Diese Differenz in der Verdaulichkeit hatte jedoch keinen Einfluß auf das Verhältnis der umsetzbaren zur verdaulichen Energie.

2. *Die Zulagen*

Erdnußöl und Kartoffelstärke waren handelsübliche Produkte. Weizenkleber und Dorschmehl waren die gleichen Produkte wie in den Versuchen mit Schweinen (siehe 2. Mitt. [16]). Die einzelnen Substanzen wurden ohne besondere Vorbehandlung verfüttert.

Über die Höhe der zur Verfütterung gekommenen, zum Grundfutter zugelegten Nährstoffe gibt Tabelle 7 Auskunft.

Tabelle 6.

Der Energieumsatz in den Grundfutterperioden

Tier	Bruttoenergie kcal/kg	verd. Energie kcal/kg	verd. Energie in $^0/_0$ der Bruttoenergie	umsetzb. Energie kcal/kg	umsetzb. Energie in $^0/_0$ d. vdl. Energie	korrigierter Ansatz kcal	mittleres Lebendgew. kg
			a) Ochsen				
1	4350	3185 ± 12	73,2	2606 ± 13	81,8	1925 ± 270	816
2	4350	3207 ± 13	73,7	2639 ± 15	82,3	512 ± 465	771
3	4350	3209 ± 16	73,8	2632 ± 10	82,0	1098 ± 207	746
4	4350	3172 ± 14	72,9	2595 ± 18	81,8	1502 ± 72	732
8	4371	3204 ± 15	73,4	2648 ± 14	82,6	742 ± 510	690
10	4371	3205 ± 8	73,3	2665 ± 3	83,2	815 ± 242	606
11	4371	3186 ± 18	72,8	2645 ± 18	83,0	445 ± 391	609
			b) Hammel				
5	4430	2951 ± 31	66,6	2428 ± 33	82,3	187 ± 29	63,5
6	4430	3011 ± 40	68,0	2482 ± 37	82,4	211 ± 52	60,8
7	4430	2896 ± 31	65,5	2378 ± 32	82,1	149 ± 19	59,7
8	4430	2872 ± 44	64,9	2365 ± 37	82,3	176 ± 37	60,1
9	4430	2850 ± 16	64,5	2332 ± 12	81,8	49 ± 33	59,4
10	4430	2862 ± 11	64,7	2368 ± 13	82,7	183 ± 33	54,3
11	4430	2891 ± 48	65,4	2380 ± 33	82,3	123 ± 55	58,3
12	4430	2777 ± 28	62,8	2289 ± 26	82,4	83 ± 33	47,2

Tabelle 7.

Die Höhe der Zulagen

Nährstoff	Ochsen		Hammel	
	g Tr.-Sbst. pro Tag	in $^0/_0$ d. Bruttoenergie des Grundfutters	g Tr.-Sbst. pro Tag	in $^0/_0$ d. Bruttoenergie des Grundfutters
Erdnußöl	800	29	100	24
Dorschmehl	1800	34	300	42
Weizenkleber	1800	38	300	48
Kartoffelstärke	2000	32	250	29

Diese Zulagenmengen wurden von den Tieren aufgenommen, ohne daß wesentliche Futterrückstände verblieben. Eine weitere Erhöhung der Zulagen war, wie sich aus Vorversuchen ergab, aus Gründen der sicheren Versuchsdurchführung nicht vertretbar. Insgesamt gesehen liegen die Zulagen noch in angemessener Höhe zum Grundfutter.

3. *Versuchsauswertung und Korrekturen*

Bei der Bilanzaufrechnung und der Berechnung der Wärmeproduktion kamen die gleichen Faktoren zur Anwendung, wie sie in der Veröffentlichung zum Proportionalitätsproblem [14] mitgeteilt sind.

Auf Grund des in den meisten Perioden gemessenen Sauerstoffverbrauchs kann der Vergleich zwischen der energetisch ausgedrückten stofflichen Bilanz und der energetischen Bilanz vorgenommen werden. Analog unseren früheren Untersuchungen [14] zeigte sich auch in diesen Versuchsreihen eine systematische Verschiebung der Abweichung zwischen der energetisch ausgedrückten stofflichen Bilanz (berechnete Ansatzenergie aus der N- und C-Bilanz) und der energetischen Bilanz von 1,6% der Energieeinnahmen bei Ochsen und 0,7% bei Hammeln, wobei die energetische Bilanz die niedrigeren Werte ergab. Die Gruppierung der Einzelversuche um die mittlere Abweichung war folgende:

Tierart	Mittel der Abweichung %	Verteilung der Abweichungen um den Mittelwert		
		± 0–1,0 %	± 1,1–2,0 %	> ± 2 %
Ochsen	– 1,6	71 %	27 %	2 %
Hammel	– 0,7	52 %	27 %	21 %

Die Verteilung der Einzelabweichungen um die mittlere Abweichung ist bei den Ochsenversuchen zufriedenstellend, während bei den Hammelversuchen diese Verteilung nicht voll befriedigt. Es wurde daher überprüft, ob es gerechtfertigt ist, die Versuche mit Abweichungen über 2% auszuschalten. Aus dem Vergleich mit den jeweiligen Paralleltieren mit Abweichungen unter 2% ist jedoch keine Notwendigkeit für die Ausschaltung einzelner Versuche auf Grund des Bilanzvergleichs abzuleiten, so daß die Schlußfolgerung zu ziehen ist, daß dem Bilanzvergleich über das Gesetz der Erhaltung der Energie nicht die Bedeutung beigemessen werden kann, wie sie von MØLLGAARD [10] herausgestellt worden ist. Hierauf wurde bereits früher von HOFFMANN [6] hingewiesen. Bei der Differenzauswertung der Versuche wurde die energetisch ausgedrückte stoffliche Bilanz für die Ermittlung des energetischen Ansatzes herangezogen.

Die Berechnung des Energieumsatzes der Zulagen erfolgte durch Differenzbildung gegen die beiden die Zulage einschließenden Grundfutterperioden. Von den beiden Einzelwerten wurde der Mittelwert gebildet und als ein Meßwert behandelt. Von den durchgeführten Versuchen wurden eine Grundfutterperiode und je eine Zulageperiode mit Stärke und Dorschmehlprotein bei Ochsen und drei Zulageperioden mit Erdnußöl bei Hammeln ausgeschaltet, da sich in diesen Versuchen extreme Werte für den energetischen Ansatz ergaben.

Bei der Auswertung der Versuche kamen drei Korrekturen zur Anwendung:

a) Die Futterverzehrkorrektur
b) die Lebendgewichtskorrektur
c) die Korrekturen für die Verdaulichkeitsänderungen des Grundfutters.

Zu a) Für die Futterverzehrkorrekturen wurde die Grundfuttereinnahme in den Zulageperioden auf die Energieeinnahme der jeweiligen Grundfutterperiode korrigiert. Für die umsetzbare Energie ergibt sich die Korrekturgröße aus der entsprechenden Gundfutterperiode, und für die Berechnung der Nettoenergie der Grundfutterverzehrdifferenz wurde bei Ochsen eine Verwertung der umsetzbaren Energie des Grundfutters von 70% und bei den Hammeln von 50% eingesetzt.

Zu b) Als Korrekturgröße für die Ansatzdifferenz zwischen Zulage- und Grundfutterperiode auf gleiches Lebendgewicht wurde – wie in den früheren Versuchen [14] abgeleitet – bei Ochsen 13 kcal/kg und bei Hammeln 5 kcal/kg einheitlich angewendet.

Zu c) Für die Korrektur des Energieumsatzes der zugelegten reinen Nährstoffe auf Grund von Änderungen der Verdaulichkeit der anderen Nährstoffgruppen des Grundfutters bzw. zur Berücksichtigung der in den verfütterten Substanzen enthaltenen Verunreinigungen wurde für beide Tierarten mit folgenden Werten gerechnet (Angaben in kcal/g Nährstoff):

Nährstoffgruppe	Bruttoenergie	verdaul. Energie	umsetzb. Energie	Nettoenergie
Rohprotein	5,6	5,6	4,3	1,7
Rohfett	9,5	9,5	9,5	7,0
Rohfaser	5,2	4,3	3,3	1,2
N-freie Extr.-Stoffe	4,1	4,1	3,6	2.1

In Tabelle 8 sind die durchschnittlichen Korrekturgrößen sowie in Klammern der Schwankungsbereich für die einzelnen geprüften Nährstoffe in % des korrigierten Gesamtansatzes angegeben. Die Tabelle enthält ferner den aus der N-Bilanz errechneten durchschnittlichen calorischen Proteinansatz in % des korrigierten Gesamtansatzes.

Der Anteil des calorischen Proteinansatzes am Gesamtansatz liegt bei den Hammelversuchen sehr niedrig, so daß der Ansatz fast ausschließlich auf den Ansatz von Körperfett entfällt. Bei den Ochsenversuchen ist der Proteinansatz in den Zulageversuchen mit Dorschmehl und Weizenkleber gegenüber 3% bei Erdnußöl und 7% bei Kartoffelstärke auf 12% erhöht. Ob es sich dabei um einen echten Eiweißansatz handelt, sei in Frage gestellt. Immerhin entfällt der überwiegende energetische Ansatz auf den Ansatz von Körperfett. Die bei Ochsen gefundenen Proteinansätze entsprechen in der Größe etwa den von KELLNER in seinen Versuchen mit reinen Nährstoffen (s. Tab. 2) ermittelten Werten. Im Gegensatz zu den eigenen Versuchen liegt der Proteinansatz in den Versuchen von HEIM und JUCKER an Schafen (s. Tab. 2a) bei der Stärkezulage bei 14% und bei der Eiweißzulage bei 97% (!) des calorischen Ansatzes.

Der Einfluß der Futterverzehrkorrektur auf den Ansatz ist nur unbedeutend. Die Beeinflussung des Ansatzes durch die Lebendgewichtskorrektur ist bei den Ochsenversuchen größer als bei den Hammelversuchen. Die Unsicherheit der Lebendgewichtskorrektur kann mit ± 25% eingeschätzt werden, so daß durch die Lebendgewichtskorrektur der ermittelte Ansatz bei den Ochsenversuchen mit einem Fehler von ca. ± 2% und bei den Hammelversuchen von ca. ± 1% behaftet wird.

Tabelle 8.

Der Anteil des Proteinansatzes und der Korrekturen am korrigierten Gesamtansatz in %

Nährstoff	Proteinansatz	Futterverzehr-Korr.	Lebendgew.-Korr.	Verdaulichk.-Korr.
		a) Ochsen		
Erdnußöl	2,9 (— 17,7 bis — 17,9)	1,3 (0,3 bis 2,6)	7,2 (1,5 bis 21,3)	18,7 (11,4 bis 33,8)
Dorschmehl	12,8 (10,1 bis 14,4)	1,8 (0,7 bis 2,7)	5,4 (0,8 bis 9,5)	[14,0 (9,7 bis 17,6)]
Weizenkleber	11,8 (— 3,1 bis 32,4)	1,0 (0,6 bis 1,6)	5,1 (1,2 bis 9,5)	[19,3 (16,9 bis 23,0)]
Kartoffelstärke	6,7 (— 0,7 bis 13,0)	0,7 (0,3 bis 1,8)	8,0 (2,8 bis 12,9)	11,2 (4,6 bis 17,8)
		b) Hammel		
Erdnußöl	0,7 (— 1,0 bis 2,7)	2,5 (1,2 bis 5,5)	1,7 (0,2 bis 4,4)	41,1 (17,8 bis 63,4)
Dorschmehl	2,8 (2,1 bis 3,6)	1,2 (0,6 bis 1,9)	4,4 (2,4 bis 8,2)	[18,7 (12,9 bis 26,0)]
Weizenkleber	2,4 (1,9 bis 3,4)	0,8 (0,3 bis 1,3)	2,6 (1,7 bis 4,7)	[17,9 (16,0 bis 20,9)]
Kartoffelstärke	— 0,3 (— 1,4 bis 0,8)	0,3 (0,2 bis 0,5)	1,3 (0,2 bis 3,1)	6,8 (3,6 bis 11,3)

Schwerwiegender sind die Verdaulichkeitskorrekturen insbesondere beim Erdnußöl. Die Verdaulichkeitskorrektur beträgt für den Ansatzwert des Erdnußöls bei den Ochsen 19% und bei den Hammeln 41%. Auf den Einfluß der starken Depressionswirkung auf die Reproduzierbarkeit der Messung des Energieansatzes bei Ölzulage wird später noch eingegangen. Bei der Beurteilung der verhältnismäßig hohen Verdaulichkeitskorrekturen bei den Proteinzulagen ist zu berücksichtigen, daß diese Korrekturen im wesentlichen durch die in den verfütterten Substanzen enthaltenen Verunreinigungen (bei Dorschmehl hauptsächlich durch den Fettgehalt von 3,1% und beim Weizenkleber vornehmlich durch den Gehalt an N-freien Extraktstoffen von 15,6%) bedingt sind.

Die Höhe der Verdaulichkeitskorrektur bei der Stärkezulage in den Versuchen mit Ochsen ist die gleiche wie in den entsprechenden Versuchen KELLNERS, während bei den Hammelversuchen die Höhe der Verdaulichkeitskorrektur bei der Stärke erheblich niedriger ist als der von JUCKER ermittelte Wert von 16,2%.

II. Experimenteller Teil

1. Chemische Zusammensetzung und Energiewerte der Zulagen

In Tabelle 9 sind die Analysendaten für die geprüften Nährstoffe zusammengestellt:

Tabelle 9.
Chemische Zusammensetzung und Energiewerte der Zulagen

	verfüttert an Tierart	organ. Substanz %	Rohprotein %	Rohfett %	Rohfaser %	NFE %	C %	N %	Energie cal/g	korr. Energie cal/g Nährstoff
Erdnußöl	O	100	–	100	–	–	75,87	–	9499	9499
	H	100	–	100	–	–	75,87	–	9500	9500
Dorschmehl	O	85,94	82,25	3,04	–	(0,65)	45,46	13,16	5053	5758
	H	86,36	80,94	3,07	–	(2,35)	45,01	12,95	5054	5766
Weizenkleber	O	99,06	82,78	0,36	0,22	15,70	52,35	13,24	5696	6050
	H	99,03	82,47	0,58	0,56	15,42	53,40	13,20	5680	6019
Kartoffelstärke	O	99,66	0,19	0,34	–	99,13	44,31	0,02	4179	4172
	H	99,71	0,20	0,01	–	99,50	44,04	0,03	4138	4148

In der letzten Spalte sind die Brennwerte der reinen Nährstoffe ohne Begleitstoffe angegeben. Für die Korrektur der Brennwerte wurden die auf S. 346 angegebenen Faktoren für die Bruttoenergie angewendet. Die Stärke ist sehr rein; die Analysenwerte für C und Energie entsprechen unter Berücksichtigung der Fehlergrenze der Bestimmung den theoretischen Werten. Wie bei den Versuchen mit Schweinen [16] liegt der Brennwert des Kleberproteins sehr hoch. Dieser hohe Wert ist durch eine Anzahl von Parallelanalysen gesichert. Der C-Gehalt des Erdnußöls ist um 0,8% niedriger als der üblich angenommene Durchschnittswert für Fett von 76,5%.

2. Die Verdaulichkeit der reinen Nährstoffe

Die notwendigen Angaben zur Beurteilung der Verdaulichkeit der geprüften reinen Nährstoffe sind in Tabelle 10 zusammengestellt.

Die Verdaulichkeit des Erdnußöls liegt mit 61% bei Hammeln und 65% bei Ochsen sehr niedrig. Die *Erdnußölzulage* bewirkt bei den anderen Nährstoffgruppen des Grundfutters sehr hohe Verdaulichkeitsdepressionen, so daß die Verdaulichkeit der organischen Substanz bei den Ochsen nur 25% beträgt und bei den Hammeln praktisch nicht mehr organische Substanz verdaut wurde als in den dazugehörigen Grundfutterperioden. Auf Grund des wesentlich höheren C- und Energiegehaltes des zugelegten Öls gegenüber dem Grundfutter liegt auch die Verdaulichkeit für diese beiden Komponenten höher als die der organischen Substanz. Insgesamt gesehen bewirkt die Erdnußölzulage bei den Wiederkäuern eine so starke Veränderung der Verdauungsvorgänge, daß die im Differenzverfahren

Tabelle 10.

a) Verdaulichkeit der reinen Nährstoffe

Nährstoff	Anzahl der Versuche	Organ. Substanz %	zugel. Nährstoffgruppe %	Kohlenstoff %	Energie %	Energie der verd. Nährstoffe in % d. Bruttoenergie
			I. Ochsen			
Erdnußöl	7	24,8 ± 2,7	65,2 ± 1,8	39,5 ± 2,4	45,8 ± 2,2	98,8
Dorschmehl	4	90,2 ± 1,2	93,9 ± 0,5	89,9 ± 1,2	92,0 ± 1,2	101,2
Weizenkleber	3	94,2 ± 0,2	96,9 ± 0,2	94,6 ± 0,9	94,5 ± 0,7	99,3
Kartoffelstärke	7	78,7 ± 2,1	89,4 ± 1,2	74,9 ± 2,4	72,8 ± 2,6	97,1
			II. Hammel			
Erdnußöl	5	2,4 ± 1,6	61,4 ± 2,5	19,8 ± 3,9	28,5 ± 3,0	98,7
Dorschmehl	4	96,2 ± 1,8	95,1 ± 1,2	96,3 ± 2,0	96,3 ± 1,4	99,2
Weizenkleber	4	97,0 ± 0,7	97,0 ± 0,3	97,3 ± 0,3	96,2 ± 0,9	98,4
Kartoffelstärke	7	82,3 ± 0,7	90,3 ± 0,7	80,9 ± 0,7	79,7 ± 0,8	100,6

b) Die Verdauungsänderungen des Grundfutters bedingt durch die Zulage der reinen Nährstoffe (mit Angabe des Schwankungsbereiches)

Nährstoff	Anzahl der Versuche	Rohprotein g/Tag	Rohfett g/Tag	Rohfaser g/Tag	NFE g/Tag
			I. Ochsen		
Erdnußöl	7	— 26 (— 51 bis + 1)	—	— 223 (— 299 bis — 160)	— 76 (— 117 bis + 5)
Dorschmehl	4	—	[+ 49 (— 43 bis + 56)]	+ 10 (— 11 bis + 30)	— 56 (— 94 bis — 27)
Weizenkleber	3	—	+ 8 (0 bis + 24)	— 22 (— 45 bis — 8)	[+ 253 (+ 225 bis + 290)]
Kartoffelstärke	7	— 123 (— 143 bis — 70)	— 7 (— 33 bis + 24)	— 85 (— 121 bis — 41)	—
			II. Hammel		
Erdnußöl	5	— 6,9 (— 23,9 bis — 0,3)	—	— 38,4 (— 53,7 bis — 29,9)	— 24,9 (— 38,8 bis — 10,3)
Dorschmehl	4	—	[+ 10,9 (+ 8,8 bis + 13,3)]	+ 10,1 (+ 2,8 bis + 20,8)	— 2,7 (— 11,0 bis + 4,8)
Weizenkleber	4	—	+ 2,8 (+ 2,0 bis + 3,5)	+ 2,3 (— 11,1 bis 8,9)	[+ 41,4 (+ 33,6 bis + 46,7)]
Kartoffelstärke	7	— 15,8 (— 17,6 bis — 11,4)	— 0,7 (— 2,4 bis + 0,9)	— 4,1 (— 12,1 bis + 1,8)	—

zu ermittelnden Werte für den Energieumsatz als zufällige angesehen werden müssen und nicht verallgemeinert werden können. Es ist auf Grund der Verdaulichkeitsbeeinflussungen nicht zu erwarten, daß die Verwertungskoeffizienten für die umsetzbare Energie, die später angeführt werden, eine Aussage über die intermediäre Verwertung des resorbierten Fettes bei der Umwandlung in Körperfett gestatten. Auf Grund dieser starken Wechselwirkung zwischen Grundfutter und Zulage, die prinzipiell auch in den früheren Versuchen (s. Tab. 1) gefunden wurde, haben wir von einer Wiederholung der Versuche mit Erdnußöl – evtl. mit erniedrigten Zulagen – Abstand genommen. Unserer Auffassung nach kann bei den Wiederkäuern im Gegensatz zu den monogastrischen Tierarten [12, 16] der energetische Produktionswert des Fettes nicht durch Zulage von reinem Fett zum Grundfutter ermittelt werden, sondern nur auf mehrfachkorrelativem Wege durch Zulage verschiedener Futterstoffe mit unterschiedlichem Fettgehalt.

Bei den *Proteinzulagen* ergibt sich ein gänzlich anderes Bild. Die Verdaulichkeit der Proteine liegt mit 94–97% sehr hoch. Zwischen Ochsen und Hammeln ist die Übereinstimmung der Verdauungskoeffizienten gut. Die Beeinflussung der Verdaulichkeit des Grundfutters durch die Proteinzulage ist nur unwesentlich.

Die im Abschnitt b der Tabelle 10 in eckige Klammern gesetzten Werte für die Verdaulichkeitsänderung des Fettes bei der Dorschmehlzulage und die der N-freien Extraktstoffe bei der Weizenkleberzulage sind im wesentlichen durch die in den verfütterten Substanzen enthaltenen Verunreinigungen bedingt. Die Übereinstimmung der Verdauungskoeffizienten für organische Substanz, Kohlenstoff und Energie ist gut.

Die *Stärke* nimmt hinsichtlich der Verdaulichkeitsbeeinflussung des Grundfutters eine Mittelstellung zwischen Öl und Protein ein. Die Verdaulichkeit der N-freien Extraktstoffe der Stärkezulage beträgt bei beiden Tierarten 90%. Die relative Verdaulichkeitsdepression des Grundfutters ist bei den Ochsen etwas höher als bei den Hammeln. Bei den Ochsenversuchen ist die Streuung der Verdauungskoeffizienten für organische Substanz, Kohlenstoff und Energie bei der Stärkezulage verhältnismäßig hoch. Dies weist bereits auf die stärkere Beeinflussung der Verdauungsvorgänge durch die Stärkezulage hin. Unter diesem Gesichtspunkt ist auch die Differenz von 2,9% zwischen der Energie der verdauten Nährstoffe zur Bruttoenergie der Stärke zu sehen. Die durch die Stärkezulage bewirkten Verdaulichkeitsänderungen des Grundfutters betreffen am stärksten das Rohprotein.

Mit Ausnahme der Stärke bei den Versuchen mit Ochsen stimmen die Energiewerte der verdauten Nährstoffe mit der Bruttoenergie der Nährstoffe innerhalb der Fehlergrenze überein. Als Bezugsgröße des Energieumsatzes der zugelegten Nährstoffe werden im Folgenden die bzgl. der Verunreinigungen korrigierten Bruttobrennwerte der reinen Nährstoffe verwendet.

3. *Der Einfluß der Zulagen auf die Harn- und Methanausscheidungen*

Um den Einfluß der Zulagen auf die Harn- und Methanausscheidungen zu prüfen, wurden die Differenzen zwischen den Ausscheidungen an C, N und

Energie im Harn sowie von Methan zwischen den Zulageperioden und den dazugehörigen Grundfutterperioden errechnet. Die für die einzelnen Zulagen gemittelten Differenzausscheidungen zwischen Zulage- und Grundfutterperiode sind in Tabelle 11 zusammengestellt. Zum Vergleich ist in die Tabelle ferner die mittlere Ausscheidung an C, N und Energie im Harn sowie an CH_4 in den Grundfutterperioden aufgenommen.

Tabelle 11.

Differenzen der Harnausscheidungen an C, N und Energie und der Methanausscheidungen zwischen Grundfutter und Zulageperioden sowie die mittleren Ausscheidungen in den Grundfutterperioden

Nährstoff	Höhe der Zulage g Tr.-S.	C g/Tag	N g/Tag	kcal/Tag	CH_4 l/Tag
		a) Ochsen			
Erdnußöl	800	− 10,3	− 6,4	− 173	+ 23
Dorschmehl und Weizenkleber	1800	+ 130,6	+ 215,6	+ 1621	+ 41
Kartoffelstärke	2000	− 17,6	− 28,5	− 157	+ 53
Grundfutter	6040	153,6	101,0	1469	207
		b) Hammel			
Erdnußöl	100	− 2,5	− 1,0	− 16	+ 2
Dorschmehl und Weizenkleber	300	+ 20,1	+ 33,3	+ 246	+ 2
Karfoffelstärke	250	− 1,4	− 3,1	− 13	+ 3
Grundfutter	806	18,6	9,6	181	24

Durch die Zulage der N-freien Nährstoffe sind bei beiden Tierarten die N-, C- und Energieausscheidungen im Harn vermindert. Daraus ergibt sich eine bessere Verwertung des resorbierten Stickstoffs, die sich in dem Proteinansatz (siehe Tab. 8) bei der Zulage der N-freien Nährstoffe widerspiegelt. Bei der Proteinzulage ist die Ausscheidung an C, N und Energie im Harn stark erhöht. Relativ zum Grundfutter liegt die Vermehrung der Ausscheidung beim Stickstoff am höchsten. Die im Harn pro g N der Proteinzulage ausgeschiedene Energiemenge errechnet sich bei den Ochsen zu 7,52 kcal und bei den Hammeln zu 7,39 kcal. Die entsprechenden Werte für Schweine [16], Ratten [12] und Kaninchen [12] ergaben sich zu 5,98 kcal, 6,04 kcal und 6,87 kcal. Es zeigen sich also gewisse tierartenspezifische Differenzen derart, daß auf Grund des engeren Cal : N-Verhältnisses bei den monogastrischen Tierarten zu schlußfolgern ist, daß die N-Ausscheidung im Harn fast vollständig auf Harnstoff entfällt, während bei den Wiederkäuern noch andere N-haltige Ausscheidungsprodukte (z. B. Hippursäure) mit einem weiteren Cal : N-Verhältnis gebildet werden.

In der relativen Vermehrung der Methanausscheidungen ergeben sich zwischen den beiden Wiederkäuerarten bei der Protein- und der Stärkezulage Differenzen. Die relative Vermehrung der CH_4-Ausscheidungen ist bei den Ochsen größer als bei den Hammeln. Bezogen auf die Bruttoenergie der Zulage entfallen auf die CH_4-Ausscheidung

	Ochsen	Hammel
bei Erdnußöl	3%	2%
bei Weizenkleber bzw. Dorschmehl	4%	1%
und bei Kartoffelstärke	6%	2%

4. *Die Verwertung der reinen Nährstoffe*

4.1 Die Verwertung des Erdnußöls

In Tabelle 12 sind die bei den einzelnen Tieren gemessenen Werte für den Energieumsatz des Erdnußöls zusammengestellt:

Tabelle 12.
Der Energieumsatz des Erdnußöls

Tier	Bruttoenergie in cal/g Nährstoff	verd. Energie in cal/g Nährstoff	verd. Energie in $^0/_0$ der Bruttoenergie	umsetzb. Energ. in cal/g verd. Nährstoff	umsetzb. Energ. in $^0/_0$ d. Energie d. verd. Nährstoffs	Ansatz in cal/g verd. Nährstoff	Verwertung in $^0/_0$ d. umsetzb. Energie
			a) Ochsen				
1	9499	6238	65,7	8779	92,4	6049	68,9
2	9499	6134	64,6	8367	88,1	4460	53,3
3	9499	6329	66,6	8889	93,6	5912	66,5
4	9499	6890	72,5	8937	94,1	4437	49,6
8	9499	5897	62,1	8353	87,9	5912	70,8
10	9499	5995	63,1	9079	95,6	4066	44,8
11	9499	5313	55,9	8445	88,9	5094	60,3
Mittel	9499	6114 ± 180	64,4 ± 1,9	8693 ± 113	91,5 ± 1,2	5133 ± 314	59,2 ± 3,8
			b) Hammel				
6	9500	6650	70,0	8817	92,8	6408	72,7
7	9500	5760	60,6	8410	88,5	4148	49,3
8	9500	5530	58,2	8186	86,2	4169	50,9
11	9500	5610	59,1	8833	93,0	4567	51,7
12	9500	5230	55,1	6321	66,5	4089	64,7
Mittel	9500	5760 ± 240	60,6 ± 2,5	8113 ± 465	85,4 ± 4,9	4676 ± 441	57,9 ± 4,6

Bei beiden Tierarten ist die angestrebte Sicherung der Verwertungskoeffizienten der umsetzbaren Energie sowie des Ansatzwertes pro g verdautem Nährstoff mit einem Fehler < ± 5% nicht erreicht. Bei den Hammeln wurden die Ergebnisse von 3 Tieren ausgeschaltet. Für diese Tiere errechnet sich die Verwertung der umsetzbaren Energie zu 31,9%, 11,3% und 36,1% und der Ansatz pro g verdautem Nährstoff zu 2646 kcal, 939 kcal und 2990 kcal!

Unter Berücksichtigung der bei der Besprechung der Verdaulichkeitsbeeinflussung gemachten Ausführungen ist aus den Ergebnissen des Energieumsatzes des Erdnußöls zu schlußfolgern, daß die Meßbedingungen als unphysiologisch anzusprechen und daß die erhaltenen Verwertungsgrößen nicht als repräsentativ für die intermediäre Umwandlung von Nahrungsfett in Körperfett zu betrachten sind. Die Ergebnisse sind damit nicht verallgemeinerungsfähig. Sie gelten nur für die vorliegenden Meßbedingungen. Die gleiche Feststellung dürfte für die Versuche KELLNERs an Ochsen und die Versuche von SCHÜRCH und JUCKER an Hammeln zutreffen, so daß ein Vergleich der Ergebnisse keine neuen Gesichtspunkte liefert.

Nach den Ergebnissen der mehrfachkorrelativen Auswertung der Gesamtstoffwechselversuche KELLNERs mit Futterstoffen [7] dürfte das sicherste Verfahren zur Ermittlung des energetischen Produktionswertes des Nahrungsfettes darin bestehen, eine größere Anzahl von Futterstoffen mit möglichst weit variierendem Gehalt an verdaulichem Rohfett in Gesamtstoffwechselversuchen zu untersuchen und aus den Ergebnissen die energetische Ansatzleistung des Nahrungsfettes auf mehrfachkorrelativem Wege zu eliminieren.

Im Gegensatz zu den Wiederkäuern ergab bei den untersuchten monogastrischen Tierarten (Schwein, Kaninchen, Ratte) die Prüfung des energetischen Produktionswertes des Fettes im Differenzverfahren Werte [12, 16], die mit den Vorstellungen über den Intermediärstoffwechsel der Fette in Einklang stehen.

4.2 Die Verwertung des Proteins

Wie bei den Versuchen an Schweinen kamen auch bei den Wiederkäuern zur Bestimmung des Energieumsatzes des Proteins zwei proteinreiche Futterstoffe zur Untersuchung. Je 4 Tiere erhielten Dorschmehl als Zulage und 4 Hammel und 3 Ochsen Weizenkleber. Die erhaltenen Werte des energetischen Umsatzes der beiden Proteine sind in Tabelle 13 zusammengestellt.

Die energetische Verdaulichkeit ist für beide Proteine etwa gleich und unabhängig von der Tierart. Die kleinen Differenzen sind nicht gesichert, so daß sich im Mittel eine 95%ige Verdaulichkeit der Energie des Proteins ergibt. Der Anteil der umsetzbaren Energie in % der Energie des verdauten Nährstoffs liegt für das Weizenkleberprotein bei beiden Tierarten um 2% niedriger als der des Dorschmehlproteins. Die umsetzbare Energie ist bei den Hammeln um 6% höher als bei den Ochsen, im wesentlichen bedingt durch die relativ zur Energieeinnahme der Zulage niedrigeren Methanausscheidungen bei den Hammeln (s. Tab. 11).

In der Verwertungshöhe der umsetzbaren Energie und im Ansatz pro g verdautem Nährstoff ist bei den einzelnen Zulagen die angestrebte Sicherung der

Tabelle 13.

Der Energieumsatz von Dorschmehl- und Weizenkleberprotein

Tier	Bruttoenergie in cal/g Nährstoff	verd. Energie in cal/g Nährstoff	verd. Energie in $^0/_0$ der Bruttoenergie	umsetzb. Energ. in cal/g verd. Nährstoff	umsetzb. Energ. in $^0/_0$ d. Energie d. verd. Nährstoffs	Ansatz in cal/g verd. Nährstoffs	Verwertung in $^0/_0$ d. umsetzb. Energie
			I. Ochsen				
			a) Dorschmehlprotein				
1	5758	5448	94,6	4536	78,8	2430	53,6
2	5758	5436	94,4	4557	79,1	2334	51,2
3	5758	5600	97,3	4487	77,9	(2816)*)	(62,8)*)
4	5758	5383	93,5	4286	74,4	2302	53,7
Mittel	5758	5467 ± 47	95,0 ± 0,8	4467 ± 62	77,6 ± 1,1	2355 ± 38	52,8 ± 0,8
			b) Weizenkleberprotein				
8	6050	5843	96,6	4627	76,5	2370	51,2
10	6050	5796	95,8	4620	76,4	2073	44,9
11	6050	5815	96,1	4473	73,9	2163	48,4
Mittel	6050	5818 ± 14	96,2 ± 0,2	4573 ± 50	75,6 ± 0,9	2202 ± 88	48,2 ± 1,8
			II. Hammel				
			a) Dorschmehlprotein				
5	5766	5455	94,6	4869	84,4	2616	53,7
6	5766	5540	96,1	4864	84,4	2505	51,5
7	5766	5354	92,9	4709	81,7	2092	44,4
8	5766	5404	93,7	4583	79,5	2220	48,4
Mittel	5766	5438 ± 40	94,3 ± 0,7	4756 ± 69	82,5 ± 1,2	2358 ± 122	49,5 ± 2,0
			b) Weizenkleberprotein				
9	6019	5839	97,0	4822	80,1	2800	58,1
10	6019	5807	96,5	4986	82,8	2801	56,2
11	6019	5677	94,3	4753	79,0	2343	49,3
12	6019	5651	93,9	4824	80,1	2623	54,4
Mittel	6019	5744 ± 47	95,4 ± 0,8	4846 ± 49	80,5 ± 0,8	2642 ± 108	54,5 ± 1,8

*) Bei der Mittelwertbildung nicht berücksichtigt.

Mittelwerte mit einem Fehler $< \pm 5\%$ erreicht. Die Differenz der Verwertungskoeffizienten zwischen den beiden Proteinen und zwischen den Tierarten ist nicht gesichert. Bei den Ochsen liegt der Verwertungskoeffizient des Dorschmehlproteins höher als der des Kleberproteins und bei den Hammeln ist das Umgekehrte der Fall. Es erscheint daher zulässig, die Verwertungskoeffizienten der beiden Proteine zusammenzufassen. Diese Zusammenfassung ergibt eine Verwertungshöhe der umsetzbaren Energie des Proteins bei Ochsen von 50,5% und bei Hammeln von 52,0%, d. h. es ergeben sich praktisch die gleichen Werte für beide Tierarten. Für den Ansatz pro g verdautem Protein errechnen sich im Mittel beider Proteine bei den Ochsen 2279 cal und bei den Hammeln 2500 cal; es ergibt sich also ein um 10% höherer Ansatz bei den Hammeln gegenüber den Ochsen, im wesentlichen bedingt durch die Differenz in der Höhe der umsetzbaren Energie.

Der Vergleich mit den von KELLNER ermittelten Werten für den Energieumsatz des Kleberproteins ergibt im Ansatzwert pro g verdautem Nährstoff eine gute Übereinstimmung. KELLNER fand im Mittel seiner 4 Versuche einen Ansatzwert von 2233 cal/g. In der Verwertungshöhe der umsetzbaren Energie zeigt sich jedoch eine große Differenz in den Ergebnissen, denn KELLNER ermittelte einen Verwertungskoeffizienten von 42,4%. Diese Differenz erklärt sich aus der unterschiedlichen Höhe der umsetzbaren Energie pro g verdautem Nährstoff. Der von KELLNER bestimmte Wert von 5267 cal ist stoffwechselphysiologisch nicht möglich, wenn man eine oxydative Desaminierung der resorbierten Aminosäuren und die Ausscheidung des Stickstoffs im Harn für die Möglichkeit der Umbildung der Aminosäuren in Körperfett voraussetzt. Legt man den physiologischen Brennwert des Proteins von 4500 cal/g zugrunde, so errechnet sich aus den KELLNERschen Versuchen eine Verwertungshöhe von 50%.

Zwischen den Versuchen von HEIM und den eigenen ergibt sich in der Verwertungshöhe des Proteins bei Hammeln eine große Differenz (s. Tab. 2 a). Die Versuche von HEIM können jedoch nicht als repräsentativ für die Umbildung des Nahrungsproteins in Körperfett angesehen werden, da der gesamte Ansatz fast vollständig auf den Proteinansatz entfiel. Dadurch ist eine Vergleichbarkeit der erhaltenen Werte nicht gegeben.

4.3 Die Verwertung der Stärke

In Tabelle 14 sind die Ergebnisse der Messungen des Energieumsatzes der Stärke für die einzelnen Tiere zusammengestellt.

Bei den Versuchen mit Stärke ist die angestrebte Sicherung (Fehler kleiner als $\pm 5\%$) bei beiden Tierarten erreicht. Zwischen den beiden Tierarten besteht in der Höhe der Verdaulichkeit der Energie eine Differenz von absolut 5% zugunsten der Hammel. Die Differenz ist bei der umsetzbaren Energie etwa doppelt so hoch. Dies ist im wesentlichen durch den Unterschied in der relativen Höhe der Methanausscheidungen zwischen den beiden Tierarten verursacht. So beträgt das prozentuale Verhältnis der umsetzbaren Energie zur Energie des verdauten Nährstoffs bei den Hammeln 98,7%, während dieses Verhältnis bei den Ochsen im Mittel zu 89,3% bestimmt wurde.

Tabelle 14.

Der Energieumsatz der Stärke

Tier	Bruttoenergie in cal/g Nährstoff	verd. Energie in cal/g Nährstoff	verd. Energie in $^0/_0$ der Bruttoenergie	umsetzb. Energ. in cal/g verd. Nährstoff	umsetzb. Energ. in $^0/_0$ d Energie d. verd. Nährstoffs	Ansatz in cal/g verd. Nährstoffs	Verwertung in $^0/_0$ d. umsetzb. Energie
			a) Ochsen				
1	4172	3549	85,1	3620	86,8	(1734)*)	(47,9)*)
2	4172	3531	84,6	3591	86,1	2280	63,5
3	4172	3661	87,8	3768	90,3	2376	63,1
4	4172	3460	82,9	3728	89,4	2146	57,6
5	4172	3932	94,2	3761	90,1	2388	63,5
7	4172	3698	88,6	3666	87,9	2487	67,8
9	4172	3524	84,5	3938	94,4	2731	69,3
Mittel	4172	3622 ± 60	86,8 ± 1,4	3725 ± 44	89,3 ± 1,0	2401 ± 81	64,1 ± 1,7
			b) Hammel				
5	4148	3768	90,8	3986	96,1	2664	66,8
7	4148	3889	93,8	4081	98,4	2530	62,0
8	4148	3720	89,7	4138	99,8	2702	65,3
9	4148	3801	91,6	4392	105,9	2988	68,0
10	4148	3658	88,2	3960	95,5	2683	67,8
11	4148	3788	91,3	3866	93,2	2176	56,3
12	4148	3728	89,9	4241	102,2	2651	62 5
Mittel	4148	3765 ± 28	90,8 ± 0,7	4095 ± 68	98,7 ± 1,6	2628 ± 92	64,1 ± 1,6

*) Bei der Mittelwertbildung nicht berücksichtigt.

Die Höhe der Verwertung der umsetzbaren Energie der Stärke wurde für beide Tierarten gleich mit 64,1% errechnet, wobei die Sicherung des Mittelwertes ebenfalls für beide Tierarten praktisch gleichzusetzen ist; sie beträgt 97,5%. (Dabei ist zu berücksichtigen, daß bei den Versuchen an Ochsen der am Tier 1 bestimmte Verwertungskoeffizient und der Ansatzwert bei der Mittelwertbildung als Extremwerte ausgeschaltet wurden; unter Einbezug dieses Wertes errechnet sich ein mittlerer Verwertungskoeffizient für die umsetzbare Energie von 61,8 ± 2,7 und für den Ansatz / g verdautem Nährstoff ein Wert von 2306 ± 117 kcal. Aus der detaillierten Fehlerbetrachtung erscheint es uns gerechtfertigt, diese Werte bei Tier 1 auszuschalten.) Bei gleicher Verwertungshöhe der umsetzbaren Energie liegt der Ansatz pro g verdautem Nährstoff bei den Hammeln mit 2628 cal um rund 10% höher als der bei Ochsen (2401 cal), bedingt durch die erwähnten Unterschiede in der Höhe der umsetzbaren Energie. Das analoge Bild ergab sich bereits bei der Betrachtung des Energieumsatzes der Proteine.

Der in den eigenen Versuchen ermittelte Wert der Verwertung der Stärke stimmt innerhalb der Fehlergrenze mit den Untersuchungsergebnissen KELLNERs (Verwertungskoeffizient 62,3%; Ansatz/g Nährstoff 2356 cal) überein, so daß damit die *Grundzahl der Stärkewertlehre* KELLNERs *nach etwa 60 Jahren eine volle Bestätigung gefunden hat.* Zu den Versuchen von JUCKER an Hammeln ergeben sich gewisse Unterschiede, die insbesondere auf Differenzen in der Höhe der umsetzbaren Energie zurückzuführen sind. Bezogen auf den Ansatz pro g verdautem Nährstoff besteht innerhalb der Fehlergrenze mit dem von JUCKER ermittelten Wert von 2504 cal Übereinstimmung. Unter Berücksichtigung der Ergebnisse von KELLNER und JUCKER über den energetischen Produktionswert der Stärke kann festgestellt werden, daß die Verwertung der umsetzbaren Energie der Stärke bei den Wiederkäuerarten Rind und Schaf gleich ist und mit 64% angegeben werden kann. Bei der Umwandlung der Stärke in Körperfett ist mit einem energetischen Produktionswert pro g verdautem Nährstoff von 2400 cal bei Ochsen und 2600 cal bei Hammeln zu rechnen.

Zusammenfassung

Als weiterer Beitrag für den Ausbau und die Festigung der Lehre Oskar KELLNERs wurden in Gesamtstoffwechselversuchen an Ochsen (54 Einzelversuche) und Hammeln (52 Einzelversuche) die Fettproduktionswerte der reinen Nährstoffe Erdnußöl, Dorschmehlprotein, Weizenkleberprotein und Kartoffelstärke gemessen. Die wichtigsten Ergebnisse sind folgende:

1. Im Erhaltungsstoffwechsel bestehen zwischen den Einzeltieren zum Teil erhebliche Differenzen. Individuelle Differenzen im „Fettstoffwechsel" konnten dagegen aus dem Versuchsmaterial nicht abgeleitet werden.

2. Bei den Wiederkäuern erscheint es nicht möglich, den energetischen Produktionswert des Fettes durch Zulage von reinem Fett zum Grundfutter und Anwendung des Differenzverfahrens zu bestimmen, da durch die Zulage von reinem Fett unphysiologische Bedingungen geschaffen werden, die in starken Wechselwirkungen zwischen Grundfutter und Zulageperiode beim Verdauungsvorgang zum Ausdruck kommen.

3. Folgende mittlere Ansatzwerte und Verwertungskoeffizienten wurden bestimmt:

Nährstoff	Ochsen		Hammel	
	Ansatz in cal/g verd. Nährst.	Verwertungskoeffizient	Ansatz in cal/g verd. Nährst.	Verwertungskoeffizient
(Erdnußöl	5133 ± 314	59,2 ± 3,8	4676 ± 441	57,9 ± 4,6)
Dorschmehlprotein	2355 ± 38	52,8 ± 0,8	2358 ± 122	49,5 ± 2,0
	2279	**50,5**	**2500**	**52,0**
Weizenkleberprotein	2202 ± 88	48,2 ± 1,8	2642 ± 108	54,5 ± 1,8
Kartoffelstärke	**2401** ± 81	**64,1** ± 1,7	2628 ± 92	**64,1** ± 1,6

4. Die von KELLNER bestimmten Ansatzwerte für Stärke und Protein konnten bestätigt werden.

5. Die Verwertungskoeffizienten für Stärke und Protein sind bei beiden Wiederkäuerarten gleich. In der Höhe des Ansatzes/g verdautem Nährstoff ist das Schaf dem Rind auf Grund eines höheren Anteils an umsetzbarer Energie um ca. 10% überlegen.

6. Protein wird signifikant niedriger für den Ansatz von Körperfett verwertet als Stärke.

Literaturverzeichnis

[1] ARMSBY, H. P. und J. A. FRIES: Net energy values of alfalfa hay and of starch. J. Agric. Res. 1918, **15**, 269.

[2] CRASEMANN, E.: Erfahrungen betreffend den Differenzversuch am fettbildenden Schaf. 1. Symposium on Energy metabolism. EAAP-Publ. 1960, **8**, 227.

[3] FINGERLING, G. und Mitarbeiter: Der Stärkewert des Holzzuckers. Die Landw. Vers.-Stat. 1936, **126**, 1.

[4] FRANKE, E.-R.: Der Einfluß reiner Nährstoffe auf die Verdaulichkeit der Futterration. 2. Mitt. Der Einfluß von Kleber und Öl. Wiss. Abh. DAL 1958, **37**, 101.

[5] HEIM, G.: Die stoffliche und energetische Wirkung einer Eiweißzulage sowie einer Zulage, bestehend aus Stärke, Fett und Eiweiß beim ausgewachsenen Schaf. Diss. Zürich, 1956.

[6] HOFFMANN, L.: Zur Berechnung der Wärmeproduktion und zur Kontrolle eines Gesamtstoffwechselversuchs über das Gesetz der Erhaltung der Energie. Wiss. Abh. DAL 1958, **37**, *83*.

[7] HOFFMANN, L., R. SCHIEMANN und K. NEHRING: Zur Berechnung der Nettoenergie von Futterstoffen. Arch. f. Tierernähr. 1960, **10**, 229.

[8] JUCKER, H.: Die Wirkung reiner Kartoffelstärke auf den Fettansatz beim ausgewachsenen Schaf. Diss. Zürich 1948.

[9] KELLNER, O.: Untersuchungen über den Stoff- und Energieumsatz des erwachsenen Rindes bei Erhaltungs- und Produktionsfutter. Die Landw. Vers.-Stat. 1900, **53**, 1.

[10] MØLLGAARD, H.: Fütterungslehre des Milchviehs. 1929, Hannover, Schaper-Verlag.

[11] NEHRING, K. und E.-R. FRANKE: Der Einfluß reiner Nährstoffe auf die Verdaulichkeit der Futterration. 1. Mitt. Der Einfluß der Stärke. Arch. f. Tierernähr. 1957, **7**, 104.

[12] NEHRING, K., W. JENTSCH und R. SCHIEMANN: Die Verwertung reiner Nährstoffe. 1. Mitt. Versuche mit Kaninchen und Ratten. Arch. f. Tierernähr. 1962, **11**, 233.

[13] NEHRING, K. und R. SCHIEMANN: Untersuchungen über die Verwertung von reinen Nährstoffen und Futterstoffen mit Hilfe von Respirationsversuchen. Arbeiten aus dem Nachlaß von O. KELLNER und G. FINGERLING. Wiss. Abh. DAL 1956, **V/3**, 11.

[14] NEHRING, K., R. SCHIEMANN und L. HOFFMANN: Die Verwertung der Futterenergie in Abhängigkeit vom Ernährungsniveau. 3. Mitt. Versuche mit Ochsen und Hammeln. Arch. f. Tierernähr. 1961, **11**, 157.

[15] SCHIEMANN, R.: Kritische Betrachtungen über die Entwicklung der Stärkewertlehre Oskar KELLNERs. Wiss. Abh. DAL 1958, **31**, 1.

[16] SCHIEMANN, R., L. HOFFMANN und K. NEHRING: Die Verwertung reiner Nährstoffe. 2. Mitt. Versuche mit Schweinen. Arch. f. Tierernähr. Bd. 11 1962, **11**, 265.

Eingegangen am 8. 4. 1961

Aus dem Oskar Kellner-Institut für Tierernährung, Rostock
(Direktor: Prof. Dr. Dr. h. c. K. NEHRING)

K. NEHRING, R. SCHIEMANN, L. HOFFMANN und *W. JENTSCH*

Die Verwertung reiner Nährstoffe

4. Mitteilung

Vergleich der Tierarten

In den ersten 3 Mitteilungen wurde über die Gesamtstoffwechselversuche zur Bestimmung der energetischen Verwertung reiner Nährstoffe bei Kleintieren (Kaninchen, Ratten) [4], Schweinen [10] und Wiederkäuern (Ochsen, Hammel) [2] berichtet. Die diesen Arbeiten zugrundeliegende Problematik wurde einleitend in der 1. Mitteilung erörtert. Sie läßt sich wie folgt zusammenfassen:

1. Kann der energetische Produktionswert reiner Nährstoffe bei Anwendung des Differenzverfahrens im Ernährungsbereich der Fettmast ausgewachsener Tiere mit ausreichender Sicherheit bestimmt werden, so daß den Ergebnissen eine verallgemeinerungsfähige Bedeutung zukommt?

2. Ergibt sich eine absolute oder relative Übertragbarkeit der Nettoenergiewerte reiner Nährstoffe zwischen den untersuchten Tierarten?

3. Besteht bei den monogastrischen Tierarten eine Verwertungsdifferenz zwischen Stärke und den wichtigsten Mono- und Disacchariden?

4. Bildet die Verwertung der reinen Nährstoffe die geeignete Basis zur Berechnung der Nettoenergie von Futterstoffen aus dem Gehalt an verdaulichen Nährstoffen?

Im Folgenden sollen die bei den 5 untersuchten Tierarten erhaltenen wichtigsten Ergebnisse der Gesamtstoffwechselversuche vergleichend zusammengestellt und erörtert werden. Es erfolgt hierbei eine Beschränkung auf die Ergebnisse der eigenen Untersuchungen, da bereits in den ersten 3 Mitteilungen die für die jeweilige Tierart vorliegenden Literaturangaben über die Verwertung reiner Nährstoffe zusammengestellt und mit den Ergebnissen der eigenen Untersuchungen verglichen wurden.

Eine wichtige Voraussetzung für die Anwendbarkeit des Differenzverfahrens ist der quantitative Verzehr der Futtergaben, wobei der zu prüfende Nährstoff in möglichst hoher Menge zugelegt werden muß, um eine angemessene Differenzgröße im Ansatz zwischen Grundfutter- und Zulageperiode zu erreichen. Wie SCHIEMANN [8] aus den Gesamtstoffwechselversuchen KELLNERs ableiten konnte, ist die relative Größe der Unsicherheit der gemessenen Nettoenergiewerte einer Zulage umgekehrt proportional zu der Höhe des calorischen Ansatzes. Deshalb wurde in Vorversuchen bei den verschiedenen Tierarten die Zulagehöhe für die einzelnen Nährstoffe festgelegt, die noch quantitativ von den Tieren aufgenommen werden. In Tabelle 1 ist die Höhe der Energie der Zulage in % der Bruttoenergie der Grundfutterrationen angegeben (geklammerte Werte). Zur übersichtsmäßigen Kennzeichnung des Gesamtumfanges der Untersuchungen ist in Tabelle 1 ferner die Zahl der Gesamtstoffwechselversuche mit reinen Nährstoffen aufgenommen.

Tabelle 1.
Zahl der Gesamtstoffwechselversuche mit reinen Nährstoffen und Höhe der energetischen Zulage in % der Bruttoenergie der Grundfutterrationen (geklammerte Werte)

Tierart	Rind	Schaf	Kaninchen	Schwein	Ratte
Versuche insgesamt	57	55	205	88	361
Grundfutterperioden	36	32	105	48	202
Zulageperioden:					
Erdnußöl	7 (29)	8 (24)	10 (39)	8 (49)	16 (32)
Dorschmehl	4 (34)	4 (42)	16 (29)	4 (52)	39 (25–30)
Weizenkleber	3 (38)	4 (48)	—	4 (46)	—
Kartoffelstärke	7 (32)	7 (29)	24 (27)	16 (27)	40 (22)
Saccharose	—	—	12 (26)	8 (31 u. 51)	24 (22)
Lactose	—	—	8 (24)	—	9 (21)
Glucose	—	—	8 (24)	—	8 (21)
Fructose	—	—	9 (20)	—	16 (21)
Galaktose	—	—	13 (15)	—	7 (17)

Die relative Höhe der Zulagen ist sowohl von der Tierart als auch vom Nährstoff abhängig. Insgesamt liegen die relativen Zulagehöhen bei den Schweinen am günstigsten und bei den Ratten am ungünstigsten. Verhältnismäßig niedrig mußte bei allen Tieren die Zulage an Kartoffelstärke und bei den Wiederkäuern die Ölzulage gehalten werden. Beim Rohrzucker wurden bei Schweinen zwei Zulagehöhen (600 g entsprechend 31% und 1000 g entsprechend 51% der Bruttoenergie des Grundfutters) gewählt, um zu prüfen, ob in der Verwertung bei dem leicht löslichen Zucker eine Abhängigkeit zur Höhe der Gabe besteht, da daran zu denken ist, daß bei hohen Gaben evtl. eine zu schnelle Resorption erfolgt, die einen Einfluß auf die Verwertungshöhe haben könnte. Wie aus den Versuchsunterlagen [10] hervorgeht, ist ein solcher Einfluß angedeutet, jedoch statistisch nicht gesichert. Gegenüber den anderen Zuckerarten mußte die Galaktosegabe bei den Kleintieren mit 15 bzw. 17% der Energie des Grundfutters sehr niedrig gehalten werden, da die Tiere größere Mengen nicht aufnahmen. Eine Geschmacksbeeinflussung als Grund für diese verminderte Aufnahme dürfte nicht vorliegen, da die anderen Zuckerarten in der vorgesehenen Höhe von beiden Tierarten gefressen wurden. Es scheint hier eine Rückwirkung zwischen dem Stoffwechselgeschehen und der Futteraufnahme zu bestehen, denn wie sich aus den Untersuchungen ergab, wurden von der aufgenommenen Galaktose bei den Ratten im Durchschnitt der Tiere 28% und bei den Kaninchen sogar 45% im Harn ausgeschieden. (In der weiteren vergleichenden Betrachtung soll auf die Versuche mit den verschiedenen Zuckerarten bei Kleintieren im einzelnen nicht eingegangen werden, da dieser Vergleich bereits in der ersten Mitteilung[4] erfolgt ist, worauf verwiesen wird.)

Durch die Zulage reiner Nährstoffe wird die Zusammensetzung der Ration einseitig verändert. Diese Veränderung ergibt mehr oder weniger starke Beeinflussungen der Verdaulichkeit des Grundfutters, im allgemeinen in Richtung einer Depression der anderen Nährstoffgruppen des Grundfutters. In den Versuchsberichten wurden die Verdaulichkeitsänderungen der Nährstoffgruppen für die einzelnen Tierarten zusammengestellt. Einen summarischen Überblick über die Verdaulichkeitsbeeinflussung erhält man aus dem Vergleich der Verdaulichkeit der zugelegten Stoffgruppen und der Verdaulichkeit der organischen Substanz der Zulage. In Tabelle 2 sind die entsprechenden Verdauungskoeffizienten für die verschiedenen Tierarten wiedergegeben:

Tabelle 2.
Verdaulichkeit der organischen Substanz (a)
und der jeweiligen Hauptnährstoffgruppe (b) der Zulage in %

Zulage	Rind		Schaf		Kaninchen		Schwein		Ratte	
	a	b	a	b	a	b	a	b	a	b
Erdnußöl	24,8	65,2	2,4	61,4	91,5	96,4	92,1	97,2	96,9	98,9
Dorschmehlprotein	90,2	93,9	96,2	95,1	87,0	92,7	92,5	96,8	96,0	96,1
Weizenkleberprotein	94,2	96,9	97,0	97,0	—	—	95,6	98,8	—	—
Stärke	78,7	89,4	82,6	90,3	86,7	94,7	93,2	97,5	94,6	97,9
Saccharose	—	—	—	—	96,1	98,2	96,6	98,3	98,3	99,9

In der Höhe der Verdaulichkeit der zugelegten Nährstoffgruppen ergeben sich beim Protein keine sehr wesentlichen Unterschiede zwischen den Tierarten. Die Verdaulichkeit des Dorschmehlproteins liegt zwischen 93 und 97%. Die Verdaulichkeit des Weizenkleberproteins ist bei allen 3 untersuchten Tierarten etwas höher als die des Dorschmehlproteins. Bei den N-freien Zulagen zeichnen sich jedoch deutliche Unterschiede zwischen den monogastrischen Tierarten und den Wiederkäuern ab. Während die Verdaulichkeit des zugelegten Öls und der zugelegten Kohlenhydrate (Stärke bzw. Zucker) bei den monogastrischen Tierarten zwischen 95 und 100% liegt, beträgt die Verdaulichkeit der Stärke bei den Wiederkäuern nur 90% und die des Öls lediglich 61 bzw. 65% bei Schaf bzw. Rind.

In Tabelle 2a sind noch zur Erleichterung der Übersicht die Differenzen zwischen der Verdaulichkeit der jeweiligen Nährstoffgruppe und der organischen Substanz der Zulagen zusammengestellt:

Tabelle 2 a.

Differenzen der Verdauungskoeffizienten zwischen der jeweiligen Nährstoffgruppe und der organischen Substanz der Zulage

Nährstoffe	Rind	Schaf	Kaninchen	Schwein	Ratte
Erdnußöl	— 40,4	— 59,0	— 4,9	— 5,1	— 2,0
Dorschmehlprotein	— 3,7	+ 1,1	— 5,7	— 4,3	— 0,1
Weizenkleberprotein	— 2,7	± 0	—	— 3,2	—
Stärke	— 10,7	— 8,0	— 8,0	— 4,3	— 3,3
Saccharose	—	— 2,1	— 2,1	— 1,7	— 1,6

Die Verdaulichkeitsbeeinflussung der anderen Nährstoffgruppen des Grundfutters ist, wie Tabelle 2a zeigt, bei den Ratten am geringsten. Dies muß im Zusammenhang mit den relativen Zulagehöhen (siehe Tabelle 1) gesehen werden, die bei den Ratten ebenfalls am niedrigsten lagen. Bei den monogastrischen Tierarten ist die Verdaulichkeitsdepression durch die Saccharosezulage praktisch zu vernachlässigen. Verhältnismäßig hoch ist bei allen Tierarten die durch die Stärkezulage bewirkte Verdaulichkeitsdepression, obwohl (siehe Tab. 1) die Höhe der Stärkezulage bei allen Tierarten relativ niedrig gehalten werden mußte. Hier zeigt sich bereits, daß das Kaninchen gewissermaßen eine Mittelstellung zwischen den monogastrischen Tierarten Schwein und Ratte und den Wiederkäuern Schaf und Rind einnimmt, worauf später bei der vergleichenden Betrachtung des Verwertungsvermögens noch näher eingegangen wird.

Eine außerordentlich starke Differenzierung zwischen Nichtwiederkäuern und Wiederkäuern ergibt sich bei der Verdaulichkeitsbeeinflussung durch die Ölzulage. Bei den Nichtwiederkäuern hält sich die Verdaulichkeitsbeeinflussung mit 2–5% der verdauten Ölmenge, die selbst mit etwa 97% verdaulich ist, in engen Grenzen trotz der relativ hohen Zulage. Demgegenüber ergeben sich bei den Wiederkäuern mit relativ niedriger Zulagehöhe so hohe Verdaulichkeitsbeeinflussungen, daß die eingestellten Versuchsbedingungen als unphysiologisch angesehen werden müssen und nicht zu erwarten ist, daß reproduzierbare Meßergebnisse für die Verwertung des Öls erhalten werden können.

Bei den Proteinzulagen hält sich die Verdaulichkeitsbeeinflussung in engen Grenzen. Beim Schaf und bei der Ratte ist die Verdaulichkeit der organischen Substanz gleich der des Rohproteins. Bei den 3 anderen Tierarten beträgt die Verdaulichkeitsdepression 3–6% der zugelegten Proteinmenge.

In Tabelle 3 ist die verdauliche Energie in % der Bruttoenergie und die umsetzbare Energie in % der Energie des verdauten Nährstoffs für die 5 Tierarten zusammengestellt:

Theoretisch muß die prozentuale Verdaulichkeit der Energie gleich der der zugelegten Nährstoffgruppe (s. Tab. 2, Spalte b) sein. Abweichungen sind durch Versuchsfehler bedingt. Die Übereinstimmung zwischen den entsprechenden Werten ist gut. Die größte Abweichung besteht bei den Stärkeversuchen am Rind und beträgt 3%. Hinsichtlich des Vergleichs der Tierarten ergeben sich die gleichen Feststellungen, wie sie bei der Besprechung der Tabelle 2 ausgeführt sind.

Tabelle 3.
Verdauliche Energie (a) in % der Bruttoenergie und umsetzbare Energie (b) in % der Energie des verdauten Nährstoffs

Nährstoffe	Rind		Schaf		Kaninchen		Schwein		Ratte	
	a	b	a	b	a	b	a	b	a	b
Erdnußöl	64,4	91,5	60,6	85,4	95,0	98,6	95,8	98,8	98,6	101,2
Dorschmehlprotein	95,0	77,6	94,3	82,5	91,9	82,3	95,1	81,9	96,3	87,5
Weizenkleberprotein	96,2	75,6	95,4	80,5	—	—	98,9	84,8	—	—
Stärke	86,8	89,3	90,8	98,7	92,3	99,0	96,6	98,5	97,1	100,8
Saccharose	—	—	—	—	97,2	98,3	96,7	98,2	99,5	100,9

Die umsetzbare Energie der N-freien Nährstoffe ist bei den monogastrischen Tierarten praktisch gleich der Energie der verdauten Nährstoffe. Die Abweichungen sind kleiner als 2%, so daß sie innerhalb der Bestimmungsfehler liegen. Bei den Wiederkäuern ist das Bild nicht einheitlich. Die umsetzbare Energie der Stärke beim Schaf liegt mit 98,7% der Energie der verdauten Stärke sehr hoch, da durch die Stärkezulage nur eine geringfügige Vermehrung der Methanausscheidung gegenüber den Grundfutterperioden beobachtet wurde. Beim Rind dagegen wurde die Methanausscheidung durch die Stärkezulage um 25% gegenüber der in den Grundfutterperioden vergrößert. Außerdem ergab sich beim Rind eine Vermehrung der energetsichen Ausscheidungen im Harn bei den Zulageversuchen mit Stärke. Demzufolge muß beim Rind mit einem Energieverlust von etwa 10% von der Stufe der verdaulichen Energie bis zur Stufe der umsetzbaren Energie bei Stärke gerechnet werden. Die Werte für die umsetzbare Energie des Öls bei den Wiederkäuern weisen ebenfalls auf die Labilität des Stoffwechselgeschehens in diesen Versuchen hin, da kaum zu erwarten ist, daß die höheren Fettsäuren im Pansen in nennenswertem Umfang abgebaut werden. Die Methanausscheidungen sind in den Ölzulageversuchen auch nur wenig (siehe 3. Mitt.) gegenüber den Grundfutterperioden erhöht.

Unter der Annahme, daß die resorbierten Aminosäuren der Proteinzulagen oxydativ desaminiert werden und der Stickstoff in Form von Harnstoff im Harn ausgeschieden wird, errechnet sich die umsetzbare Energie zu 82% der verdaulichen Energie der Proteinzulage. Die ermittelten Werte für die umsetzbare Energie der Proteinzulage stimmen bei Kaninchen, Schwein und Schaf gut mit dem errechneten Wert überein. Bei der Ratte liegt die umsetzbare Energie des Proteins deutlich höher und beim Rind deutlich niedriger. Die Ursachen hierfür sind bei der Ratte in den sehr hohen Proteinansätzen (s. Tab. 4) zu suchen, während beim Rind auch bei den Proteinzulagen eine vermehrte Methanausscheidung gegenüber den Grundfutterperioden (20%) auftrat.

Die energetische Bewertung der Nährstoffe und Futterstoffe gründet sich auf das energetische Fettbildungsvermögen ausgewachsener Tiere, d. h. auf den Gehalt an NK_F. Dies setzt voraus, daß der durch die Zulage bewirkte energetische Ansatz vorwiegend in Form von Fett erfolgt. Es ist daher für die vorliegenden Versuche zu prüfen, inwieweit diese Bedingung erfüllt ist. In Tabelle 4 ist der Energiegehalt des Proteinansatzes in % des korrigierten energetischen Gesamtansatzes zusammengestellt:

Tabelle 4.

Energetischer Proteinansatz in % des korrigierten Gesamtansatzes

Nährstoff	Rind	Schaf	Kaninchen	Schwein	Ratte
Öl	2,9	0,7	3,3	2,9	11,0
Protein	12,3	2,6	27,5	3,0	32,2
Stärke	6,7	— 0,3	2,1	3,4	13,3
Saccharose	—	—	7,2	3,3	14,8

Zwischen den Tierarten ergeben sich im Anteil des Proteinansatzes am Gesamtansatz zum Teil stärkere Differenzen. Bei Schaf und Schwein ist der Proteinansatz bei allen Nährstoffen sehr niedrig, so daß die gemessenen Ansatzwerte uneingeschränkt als energetische Fettproduktionswerte anzusehen sind. Auch für die N-freien Nährstoffe bei Rind und Kaninchen ist die gleiche Aussage zu treffen. Schwieriger ist die Beurteilung der energetischen Ansatzwerte bei der Ratte und der Ansatzwerte der Proteinzulagen bei Rind und Kaninchen, da in diesen Versuchen der Anteil des Proteinansatzes am energetischen Gesamtansatz 10% überschreitet und bei der Proteinzulage in den Kleintierversuchen sogar 30% beträgt. Es erhebt sich daher die Frage, ob evtl. eine Korrektur für die Umrechnung des Proteinansatzes auf Fettansatz in den entsprechenden Versuchen vorgenommen werden sollte. Von einer Korrektur wurde jedoch Abstand genommen, da die Prüfung der Abhängigkeit der Verwertungshöhe von der relativen Höhe des Proteinansatzes keine Korrelation ergab und ein Korrekturwert nicht ableitbar ist. Ferner muß insbesondere bei den Rattenversuchen auf die Möglichkeit hingewiesen werden, daß die ermittelte N-Bilanz nicht der tatsächlichen N-Retention entspricht, worauf in der 1. Mitt. [4] bereits eingegangen wurde. (In neuerer Zeit wurde auch von G. COSTA [1] über Differenzen zwischen N-Bilanz und N-Retention berichtet.)

In Tabelle 5 sind die Ansatzwerte in cal/g verdautem Nährstoff und in Tabelle 6 die Verwertungskoeffizienten der umsetzbaren Energie mit Angaben der jeweiligen Mittelwertstreuung für die 5 untersuchten Tierarten vergleichend zusammengestellt:

Tabelle 5.

Ansatz in cal/g verdautem Nährstoff

Nährstoff	Rind	Schaf	Kaninchen	Schwein	Ratte
Erdnußöl	(5133 ± 314)	(4676 ± 441)	8718 ± 138	8068 ± 122	8015 ± 146
Dorschmehlprotein	2355 ± 38	2358 ± 68	2882 ± 68	3007 ± 144	3194 ± 78
Weizenkleberprotein	2202 ± 88	2642 ± 108	—	3022 ± 122	—
Kartoffelstärke	**2401** ± 81	**2628** ± 92	**2729** ± 64	**3083** ± 66	**3081** ± 49
Saccharose	—	—	2726 ± 65	2901 ± 63	2924 ± 58
Lactose	—	—	2755 ± 145	—	2817 ± 144
Glucose	—	—	2645 ± 90	—	2773 ± 154
Fructose	—	—	2516 ± 66	—	2569 ± 91
Galaktose	—	—	(2080)	—	(1530)

Tabelle 6.
Prozentuale Verwertung der umsetzbaren Energie zum Ansatz

Nährstoff	Rind	Schaf	Kaninchen	Schwein	Ratte
Erdnußöl	(59,2 ± 3,8)	(57,9 ± 4,6)	**92,8** ± 1,2	**85,9** ± 1,3	**83,1** ± 1,5
Dorschmehlprotein	**52,8** ± 0,8	**49,5** ± 2,0	**60,8** ± 1,3	**65,5** ± 2,7	**63,6** ± 1,7
Weizenkleberprotein	**48,2** ± 1,8	**54,5** ± 1,8	—	**59,1** ± 2,7	—
Kartoffelstärke	**64,1** ± 1,7	**64,1** ± 1,6	**67,0** ± 1,4	**75,7** ± 1,6	**75,5** ± 1,2
Saccharose	—	—	**70,1** ± 1,3	**74,6** ± 1,8	**73,3** ± 1,6
Lactose	—	—	**71.3** ± 3,7	—	**74,2** ± 3,8
Glucose	—	—	**71,0** ± 1,5	—	**73,7** ± 4,1
Fructose	—	—	**67,0** ± 1,5	—	**67,5** ± 2,5
Galaktose	=	—	(78,1)	—	(78,2)

Mit wenigen Ausnahmen (Galaktose- und Lactoseversuche bei Ratten und Kaninchen, Glucoseversuche bei Ratten und Erdnußölversuche bei Schaf und Rind) ist die angestrebte Sicherung der Ansatzwerte und der Verwertungskoeffizienten der untersuchten reinen Nährstoffe mit einem Fehler $< \pm 5\%$ erreicht. Daraus ergibt sich, daß die Messung des energetischen Produktionswertes der untersuchten reinen Nährstoffe zu reproduzierbaren und damit verallgemeinerungsfähigen Werten führt, wobei allerdings die Meßergebnisse des Erdnußöls bei den beiden Wiederkäuerarten und der Galaktose bei den Kleintieren ausgeschaltet werden müssen. Die Gründe für die Nichtmeßbarkeit des energetischen Produktionswertes des Öls bei Wiederkäuern und der Galaktose bei den Kleintieren wurden bereits erörtert. Die Reproduzierbarkeit der Meßwerte der energetischen Produktionswertbestimmung zeigt sich sehr klar in den Ergebnissen des Ansatzwertes der Stärke und des Proteins beim Rind. *Die von* KELLNER *vor mehr als 50 Jahren ermittelten Grundzahlen für Stärke (2356 cal/g) und Protein (2220 cal/g) konnten durch die eigenen Versuche innerhalb der Fehlergrenze voll bestätigt werden.*

Im Gegensatz dazu ergeben sich bei den anderen Tierarten gewisse Differenzen zu den früheren Untersuchungen, auf die in den einzelnen Mitteilungen eingegangen wurde. Diese Differenzen stellen jedoch die Verallgemeinerungsfähigkeit der vorliegenden Meßergebnisse nicht in Frage, da die in der Literatur angeführten Ergebnisse fast ausnahmslos auf einer kleinen Zahl von Versuchen basieren, wodurch ihre Aussagekraft erheblich eingeschränkt wird.

Insgesamt ist das Verwertungsvermögen für die Nährstoffe bei Schwein und Ratte am höchsten; die Kaninchen liegen etwa in der Mitte und am niedrigsten ist das Verwertungsvermögen bei den Wiederkäuern, wobei die Verwertungskoeffizienten der umsetzbaren Energie bei den beiden Wiederkäuerarten praktisch gleichzusetzen sind, die Ansatzwerte beim Schaf jedoch um etwa 8–10% höher liegen als beim Rind auf Grund der höheren umsetzbaren Energie. Die Verwertung des Proteins ist bei allen Tierarten am niedrigsten; es folgt die Verwertung der Kohlenhydrate und am höchsten liegt bei den monogastrischen Tierarten die Verwertung des Fettes. Über die physiologische Verwertungshöhe des

Fettes bei den Wiederkäuern kann aus den bereits erörterten Gründen keine Aussage gemacht werden.

Zur Erleichterung der Beurteilung der getroffenen Feststellungen werden in der folgenden Tabelle 7 die Verwertungskoeffizienten der umsetzbaren Energie zur Verwertungshöhe der Stärke beim Schwein in Beziehung gebracht, die gleich 1,00 gesetzt wird.

Tabelle 7.
Relative Verwertungshöhe der umsetzbaren Energie
(Verwertung der Stärke beim Schwein = 1,00)

Nährstoff	Rind	Schaf	Kaninchen	Schwein	Ratte
Stärke	0,85	0,85	0,89	1,00	1,00
Protein	0,67	0,69	0,80	0,82	0,84
Fett	(0,78)	(0,76)	1,23	1,13	1,10
Zucker	—	—	0,93	0,99	0,97

Von Bedeutung erscheint das Ergebnis, daß der Energieumsatz der geprüften Nährstoffe bei Schwein und Ratte praktisch vollständig übereinstimmt. Die Höhe der Verwertung der einzelnen Nährstoffe bei diesen beiden Tierarten steht in guter Übereinstimmung mit den derzeitigen Vorstellungen über die intermediäre Umbildung der Hauptnährstoffe in Körperfett (SCHIEMANN [9]). Diese Übereinstimmung des Verwertungsvermögens der reinen Nährstoffe zwischen Ratte und Schwein wirft die Frage auf, ob auch in der Verwertung der hochverdaulichen Futterstoffe eine solche Übereinstimmung besteht, da dann eine Übertragbarkeit der bei Ratten gemessenen Nettoenergiewerte auf die Schweine möglich wird. Diese Frage ist an typischen Vertretern der betreffenden Futtermittelgruppe zu überprüfen. Falls sich auch in diesen Versuchen eine Übereinstimmung bei den beiden Tierarten ergibt, könnte die bestehende große Lücke in der energetischen Bewertung der Futterstoffe für das Schwein in relativ kurzer Zeit und unter relativ geringem Arbeitsaufwand geschlossen werden.

Bedeutungsvoll ist ferner die Übereinstimmung der Verwertungskoeffizienten der umsetzbaren Energie bei Rind und Schaf. Auch hier müssen weitere vergleichende Untersuchungen von Futterstoffen abgewartet werden, ob die bestehende Übereinstimmung der Verwertungskoeffizienten sich bei den Futterstoffen bestätigt.

Aus Tabelle 6 läßt sich noch eine der in der Problemstellung aufgeworfenen Fragen beantworten. Der Vergleich der Verwertungskoeffizienten von Stärke und Saccharose bei den monogastrischen Tierarten ergibt keine signifikante Differenz, d. h. es besteht kein gesicherter Verwertungsunterschied zwischen Stärke und Zucker. Die bei den Kleintieren weiterhin geprüften Zuckerarten entsprechen in ihrer Verwertungshöhe der der Saccharose, wodurch das Ergebnis erhärtet wird. Lediglich bei der sehr stoffwechselaktiven Fructose ist die Verwertungshöhe bei Kaninchen und Ratte um 5 bzw. 10% niedriger als die der Saccharose.

Diese Differenz in der Verwertungshöhe der Fructose zu der der Saccharose bzw. Stärke ist nur bei der Ratte gesichert. Auf Grund dieser Ergebnisse erscheint es geboten, in den Futterwerttabellen für Schweine die z. Zt. (siehe DLG-Tabelle [7]) verwendeten Abzüge für zuckerreiche Futterstoffe auf die Differenz des Brennwertes zwischen Stärke und Rohrzucker (4%) zu beschränken und die Verwertungsabzüge fallen zu lassen.

Gemeinsam für alle 5 Tierarten ergibt sich aus der biostatistischen Auswertung der Versuchsreihen mit reinen Nährstoffen die Bestätigung der bereits aus unseren Versuchen zum Proportionalitätsproblem [3, 5, 6] getroffenen Feststellung, daß im Erhaltungsstoffwechsel signifikante individuelle Differenzen vorhanden sind, die jedoch durch die Anwendung des Differenzverfahrens bei der Bestimmung des energetischen Produktionswertes eliminiert werden und damit die Messung der Verwertung nicht beeinflussen. Ferner konnte die Feststellung erhärtet werden, daß in der Fettbildung keine signifikanten individuellen Differenzen bestehen, da bei einer entsprechenden Prüfung bei allen 5 Tierarten analog der Auswertung der Versuche zum Proportionalitätsproblem keine individuellen Unterschiede in der Fettbildung nachweisbar waren.

Zur Beurteilung der Frage nach der Übertragbarkeit der Nettoenergiewerte von einer Tierart auf die andere ist in der folgenden Tabelle nach den Ergebnissen unserer Untersuchungen das relative Fettbildungsvermögen der Nährstoffe vergleichend zusammengestellt:

Tabelle 8.

Relatives Fettbildungsvermögen der Nährstoffe bei verschiedenen Tierarten

Nährstoff	Rind	Schaf	Kaninchen	Schwein	Ratte
		a) Ansatzwerte der Stärke bei Ochsen = 100			
Stärke	100	109	114	128	128
Protein	95	104	120	126	133
		b) Ansatzwert der Stärke beim Schwein = 100			
Stärke	78	85	89	100	100
Protein	74	81	93	98	104
Öl	(166)	(152)	283	262	260
Rohrzucker	—	—	88	94	95

Ratte und Schwein sind dem Rind im Fettbildungsvermögen aus Stärke und Protein um rund 30%, das Kaninchen um 14 bzw. 25% und das Schaf um knapp 10% überlegen. Aus den Relativwerten der Ansatzleistung der Nährstoffe bei den verschiedenen Tierarten geht klar hervor, daß eine relative Übertragbarkeit der Werte zwischen Rind und Schaf und eine direkte Übertragbarkeit der Werte zwischen Schwein und Ratte möglich erscheint, daß aber eine relative Übertragbarkeit der bei Wiederkäuern gemessenen Fettproduktionswerte auf die monogastrischen Tierarten nicht vorgenommen werden kann. Bereits aus dem energetischen Produktionsvermögen der reinen Nährstoffe muß geschlußfolgert werden, *daß die energetische Bewertung der Futterstoffe getrennt für diese Tiergruppen vorgenommen werden muß*, wobei an einer Anzahl typischer Vertreter der verschiedenen Futtermittelgruppen zu überprüfen ist, ob sich die angedeutete Übertragbarkeit innerhalb der Tiergruppen (Wiederkäuer und Nichtwiederkäuer) verifizieren läßt.

Zusammenfassung

An Hand der bereits publizierten Ergebnisse der im Oskar Kellner-Institut durchgeführten Gesamtstoffwechselversuche zur Bestimmung des energetischen Produktionswertes reiner Nährstoffe bei den Tierarten Rind, Schaf, Schwein, Kaninchen und Ratte wurde ein Vergleich der Tierarten vorgenommen. Die wichtigsten Ergebnisse der vergleichenden Betrachtung sind folgende:

1. Der energetische Produktionswert reiner Nährstoffe kann bei Anwendung des Differenzverfahrens unter der Bedingung der Fettmast ausgewachsener Tiere mit ausreichender Sicherheit bestimmt werden; den erhaltenen Werten kommt eine verallgemeinerungsfähige Bedeutung zu (Ausnahme: energetischer Produktionswert des Fettes bei Wiederkäuern). Die von KELLNER ermittelten Grundzahlen der Verwertungshöhe von Stärke und Protein beim Rind wurden durch die eigenen Versuche bestätigt.

2. Das Fettbildungsvermögen der reinen Nährstoffe ist bei Schwein und Ratte am höchsten (ca. 30% höher als beim Rind); das Kaninchen liegt in der Mitte und am niedrigsten ist das Fettbildungsvermögen bei Schaf und Rind.

3. Bei allen Tierarten liegt die Verwertung des Proteins signifikant niedriger als die der Kohlenhydrate.

Bei den monogastrischen Tierarten übersteigt die Verwertung des Fettes signifikant die der Kohlenhydrate; zwischen Stärke und Zucker besteht keine Verwertungsdifferenz. Die Verwertungshöhe der Nährstoffe steht in guter Übereinstimmung mit den Vorstellungen über die intermediäre Umbildung der Nährstoffe in Körperfett.

4. Auf Grund des Fettbildungsvermögens der reinen Nährstoffe ergibt sich eine relative Übertragbarkeit der Werte zwischen Rind und Schaf und eine direkte Übertragbarkeit der Werte zwischen Schwein und Ratte. Eine Übertragung der Ergebnisse zwischen Wiederkäuern und Nichtwiederkäuern ist nicht möglich.

5. Im Erhaltungsstoffwechsel bestehen bei sämtlichen Tierarten signifikante individuelle Unterschiede, während in der Fettbildung keine gesicherten individuellen Unterschiede nachweisbar waren.

6. Die gesicherte Feststellung des Fettbildungsvermögens der reinen Nährstoffe bildet die grundlegende Vorarbeit zur Klärung der Frage, ob die Nettoenergie der reinen Nährstoffe die geeignete Basis zur Berechnung der Nettoenergie von Futterstoffen aus dem Gehalt an verdaulichen Nährstoffen darstellt.

Literaturverzeichnis

[1] COSTA, G.: Hypothetical pathway of nitrogen metabolism. Nature, 1960, Vol. **188**, 549.

[2] HOFFMANN, L., R. SCHIEMANN und K. NEHRING: Die Verwertung reiner Nährstoffe. 3. Mitt. Versuche mit Ochsen und Hammeln. Arch. f. Tierernähr. 1962, **11**, 337.

[3] NEHRING, K., L. HOFFMANN und R. SCHIEMANN: Die Verwertung der Futterenergie in Abhängigkeit vom Ernährungsniveau. 1. Mitt. Versuche mit Kaninchen und Ratten. Arch. f. Tierernähr. 1959, **9**, 85.

[4] NEHRING, K., W. JENTSCH und R. SCHIEMANN: Die Verwertung reiner Nährstoffe. 1. Mitt. Versuche mit Kaninchen und Ratten. Arch. f. Tierernähr. 1962, **11**, 233.

[5] NEHRING, K., R. SCHIEMANN und L. HOFFMANN: Die Verwertung der Futterenergie in Abhängigkeit vom Ernährungsniveau. 3. Mitt. Versuche mit Ochsen und Hammeln. Arch. f. Tierernähr. 1961, **11**, 157.

[6] NEHRING, K., R. SCHIEMANN, L. HOFFMANN und W. KLIPPEL: Die Verwertung der Futterenergie in Abhängigkeit vom Ernährungsniveau. 2. Mitt. Versuche mit Schweinen. Arch. f. Tierernähr. 1960, **10**, 275.

[7] RICHTER, K.: Futterwerttabellen der DLG — Schweine —. Arbeiten in der DLG, 1958, **50**, 4.

[8] SCHIEMANN, R.: Kritische Betrachtungen über die Entwicklung der Stärkewertlehre Oskar Kellners. Wiss. Abh. DAL 1958, **31**, 1—110, S. 45 f.

[9] SCHIEMANN, R.: Betrachtungen über den intermediären Energiestoffwechsel im Hinblick auf die Durchführung von Gesamtstoffwechselversuchen. Wiss. Abh. DAL 1958, **37**, 65.

[10] SCHIEMANN, R., L. HOFFMANN und K. NEHRING: Die Verwertung reiner Nährstoffe. 2. Mitt. Versuche mit Schweinen. Arch. f. Tierernähr. 1962, **11**, 265.

Eingegangen am 8. 4. 1961

Aus dem Oskar Kellner-Institut für Tierernährung Rostock
(Direktor: Prof. Dr. Dr. h. c. K. NEHRING)

K. NEHRING und *H.-D. BOCK*

Untersuchungen über die biologische Wertigkeit von Eiweißfutterstoffen an Ratten

II. Mitteilung

A. Einleitung

In der ersten Mitteilung über unsere Untersuchungen der biologischen Wertigkeit von Eiweißfutterstoffen [11], hatten wir in der Hauptsache über die methodischen Fragen berichtet, die sich bei der Bestimmung der biologischen Wertigkeit des Eiweißes ergaben. In der Zwischenzeit ist von uns eine größere Zahl von Proben verschiedener Nahrungs- und Futtermittel auf die biologische Wertigkeit des Eiweißes (BW) untersucht worden. In dieser Mitteilung soll vor allem über die Ergebnisse der an Ratten durchgeführten Untersuchungen zusammenfassend berichtet werden.

Von einer Reihe dieser Futterstoffe liegt auch der Gehalt an essentiellen Aminosäuren (auf papierchromatographischem Wege bestimmt) vor; über die hierbei erhaltenen Ergebnisse ist bereits an anderer Stelle von uns berichtet worden (K. NEHRING und E. SCHWERDTFEGER [13]). Aus den Werten für den Gehalt an essentiellen Aminosäuren erfolgte die Berechnung des EAA-Indexes nach OSER.

Gleichzeitig zu diesen Untersuchungen wurden von K. NEHRING und W. LAUBE [16] Versuche zur Bestimmung der BW des Eiweißes an Schweinen durchgeführt, über die in der Zwischenzeit berichtet worden ist. Auf die hierbei gewonnenen Ergebnisse wird bei der Diskussion der Ergebnisse Bezug genommen.

B. Material und Methode

Die Bestimmung der BW des Eiweißes erfolgte nach den N-Bilanzverfahren von THOMAS und MITCHELL [2, 7, 8, 11, 27] in der von uns modifizierten Form, die in der 1. Mitteilung eingehend beschrieben worden ist, so daß hier nur die von uns vorgenommene Standardisierung dargestellt werden soll. Die Versuchsdauer beträgt jeweils 9 Tage (4 Tage Vorfütterung und 5 Tage Hauptversuch). Mit ca. 65 g werden die Ratten (Wistar-Zuchtstamm) in die erste Versuchsperiode genommen und bis zu einem Gewicht von höchstens 150 g verwendet. Die tägliche

Futtergabe beträgt unabhängig vom Gewicht der Tiere 10 g Trockensubstanz, die Proteingabe ist ebenfalls einheitlich festgelegt. Sie beträgt 1,5% N (= 150 mg N täglich), d. h. 9,38% Rohprotein. Nur bei proteinarmen Futterstoffen (Kartoffeln, Roggen, Reis) mußte die Proteingabe auf 120 mg N je Tag, d. h. auf 7,50% Rohprotein verringert werden, um die Gabe von 10 g Trockensubstanz je Tag einhalten zu können. Als Bezugsprotein wurde zum Vergleich der Ergebnisse mehrerer Perioden eine Gruppe (4–6 Ratten) mit Volleiprotein *) (BW = 95) eingeschaltet. Die zur Berechnung der BW nach der Formel

$$BW = \frac{\text{N-Bilanz} + \text{N-Grundumsatz}}{\text{N-res.}} \cdot 100$$

benötigten Werte für den N-Grundumsatz werden an Hand der Rattengewichte nach den auf Grund früherer N-freier Versuche aufgestellten Tabellen (H.-D. BOCK [1]) eingesetzt.

Die Stickstoffbestimmung in den Futter- und Nahrungsmitteln sowie in Harn und Kot erfolgte wie üblich nach der Kjeldahlmethode (Aufschluß unter Zusatz von $CuSO_4$ und $KHSO_4$); destilliert wurde im Apparat nach PARNAS-WAGNER. Die Angabe der Gehalte ist stets auf Trockensubstanz bezogen. Die mittlere Abweichung des Mittelwertes der BW wurde nach $\sigma_{\bar{x}} = \sigma/\sqrt{n}$ (25,28) berechnet.

C. Ergebnisse

Eine größere Anzahl der verschiedenartigen Nahrungs- und Futterstoffe konnte untersucht werden. Im einzelnen ergibt sich die Reihe der untersuchten Proben aus der Zusammenstellung in Tab. 1.

In den nachfolgenden Tabellen sind die Ergebnisse der an den Ratten durchgeführten Untersuchungen zur Bestimmung der BW des Eiweißes enthalten. In der Spalte 5 dieser Tabellen finden sich jeweils die Angaben über die im Rattenversuch ermittelte biologische Wertigkeit; Spalte 7 enthält die Werte für die wahre Verdaulichkeit (wV) nach MITCHELL, um gegebenenfalls Anhaltspunkte für stärkere Abweichungen des EAA-Indexes von der BW zu haben. Ferner können diese Werte auch zur Errechnung des physiologischen Nutzwertes des Proteins (NPU = net protein utilization) von MITCHELL [8, 9] nach der Formel

$$NPU = \frac{BW \cdot wV}{100}$$

benutzt werden.

Ein *Tabellenanhang* enthält die Analysenergebnisse (Weender-Futtermittelanalyse) fast aller untersuchten Nahrungs- und Futtermittel; die nichtaufgeführten konnten wegen zu geringer Probemengen nicht analysiert werden.

---

*) Bis Versuch 190 war Magermilchpulver (BW = 85) unser Bezugsprotein.

Tabelle 1.

Zusammenstellung der in Versuchen zur Bestimmung der biologischen Wertigkeit des Eiweißes geprüften Nahrungs- und Futtermittel

Futtermittel	Zahl der Sorten bzw. Proben	Futtermittel	Zahl der Sorten bzw. Proben
I. Getreide:		*II. Leguminosen (Korn):*	
Winterroggen	2	Gemüseerbsen	4
Wintergerste	4	Futtererbsen	1
Sommergerste	2	Süßlupinen	1
Winterweizen	3	Bohnen	1
Sommerweizen	1	*III. Grünfuttermehl:*	
Chinesische Weizensorten	4	Rotklee	1
Österreichische Weizensorten	2	Luzerne	1
Chinesischer Reis	3	Gelbe Lupine	1
Hafer	5	Futtererbsen	1
Mais	1	Futterwicken	1
Weizenkleber	1	Bohnen	1
IV. Kohlarten (Blätter):		*V. Ölsaatenrückstände und Hefe:*	
Markstammkohl	3	Sojaextraktionsschrot	1
Blumenkohl	2	Sesamextraktionsschrot	2
Grünkohl	2	Sonnenblumenextraktionsschrot	1
Chinakohl	3	Hete	1
Rosenkohl	1	*VII. Futtermittel tierischer Herkunft:*	
Kohlrabi	1	Vollei	1
Rotkohl	1	Magermilchpulver	1
Wrukenblatt	3	Fischmehl	11
VI. Kartoffeln:		Heringsrogen	1
Kartoffeln	8	Heringsmilch	1
Kartoffeln + Gerste	1	Spezialfuttermittel	1
		Betamehl	1
		Tierkörpermehl	1

I. Getreide

In der folgenden Tabelle 2 sind die Ergebnisse der Untersuchungen mit den verschiedenen Getreidearten zusammengestellt.

Von den einzelnen Getreidearten sind vielfach mehrere Sorten in verschiedenen Jahren angebaut worden, und zwar jeweils im gleichen Betrieb und bei gleichen agrotechnischen Bedingungen, aber im Rahmen der betrieblichen Fruchtfolge auf verschiedenen Schlägen.

Der Einfluß der wechselnden Jahreswitterung macht sich besonders beim Proteingehalt deutlich bemerkbar. So liegen bei dem Wintergetreide (Weizen und Gerste) die Proteingehalte im Jahre 1956 bei jeweils höheren Erträgen deutlich niedriger als im Jahre 1955 mit seinem trockenen und warmen Sommer. Es läßt sich jedoch kein Einfluß der Witterung (oder indirekt des Rohproteingehaltes) auf die biologische Wertigkeit erkennen; die aufgetretenen Schwankungen sind uneinheitlicher Natur.

Tabelle 2.
Biologische Wertigkeit (BW) von Getreideproteinen

Vers. Nr.	Nahrungs- bzw. Futtermittel	Roh-protein % Tr.S.	Zahl der Tiere	Biologische Wertigkeit des Eiweißes	EAA-Index	wahre Verdaulichkeit %
	Roggen [1])					
201/202	Petkuser 1956	10,19	9	81,0 ± 3,1	77	81,5
	Marien-Roggen 1956	8,88	10	75,7 ± 3,6	75	79,5
			19	78,4	76	80,5
	Winterweizen					
186	Bastard II 1955	13,44	9	73,6 ± 1,9	87	85,9
191	Bastard II 1956	10,63	10	71,2 ± 2,8	92	88,2
187	Derenburger Silber 1955	13,56	7	66,1 ± 2,6	75	86,3
191	Derenburger Silber 1956	10,75	10	70,6 ± 4,0	86	88,0
188	Hadmersleb. IV 1955	14,38	9	67,3 ± 1,4	93	85,6
191	Hadmersleb. IV 1956	10,00	11	65,6 ± 2,9	92	86,4
		·	56	69,1 ± 1,3 (n=6)	88	86,7
	Österr. Winterweizensorten 1958					
252	Austro-Bankut	19,00	10	61,7 ± 1,8	84	90,5
253	Austro-Bankut	19,88	10	60,3 ± 1,6	76	93,4
	Austro-Bankut	20,56	9	56,3 ± 1,9	86	90,8
	Tassilo	13,50	10	62,2 ± 3,5	77	88,8
254	Tassilo	14,19	10	60,5 ± 3,1	81	92,0
255	Tassilo	15,56	10	58,9 ± 2,5	84	92,7
			59	60,0 ± 0,9 (n=6)	81	91,4
	Chinesische Weizensorten 1956					
233/234	CH JTA 195	10,06	10	73,9 ± 2,8	62	88,0
„	Chang Su 68	14,75	9	66,3 ± 1,5	58	86,9
„	PJ Ma Nr. 4	11,06	10	73,5 ± 2,4	60	84,4
„	TSAO YANG MAJ	11,69	10	67,6 ± 2,0	63	85,4
			39	70,3 ± 2,0 (n=4)	61	86,2
	Sommerweizen					
208/209	Peko 1956	13,94	10	68,3 ± 1,7	92	86,9

[1]) tägliche N-Gabe = 1.2%.

Tabelle 2 (Forts.)

Vers.-Nr.	Nahrungs- bzw. Futtermittel	Rohprotein % Tr.-S.	Zahl der Tiere	Biologische Wertigkeit des Eiweißes	EAA-Index	wahre Verdaulichkeit %
	Wintergerste					
194	Mahndorfer 1955	13,63	10	71,6 ± 1,3	85	84,0
197	Mahndorfer 1956	11,19	9	69,7 ± 3,0	88	81,5
194	Friedrichswerther Berg 1955	13,69	[9	74,6 ± 2,4	77	81,5]
197	Friedrichswerther Berg 1956	10,86	10	71,1 ± 2,9	75	83,5
194	Kl. Wanzleb. 12 1955	13,19	10	71,6 ± 1,3	81	83,0
197	Kl. Wanzleb. 12 1956	10,94	10	66,1 ± 1,8	84	80,4
194/200	Kl. Wanzleb. Rekord 1955	12,19	[10	81,5 ± 2,4	83	81,3]
197/199	Kl. Wanzleb. Rekord 1956	12,00	10	68,2 ± 1,4	79	82,9
			59	69,7 ± 0,9 (n=6)	82	82,6
	Sommergerste					
214	Freya 1957	11,06	10	74,5 ± 0,8	62	81,6
215	Freya 1957	11,69	11	69,4 ± 2,2	63	84,0
	Freya 1957	14,00	10	74,8 ± 1,7	79	85,6
216	Saale 1957	12,81	8	73,8 ± 2,2	85	83,4
	Saale 1957	13,50	11	69,6 ± 1,9	58	85,3
217	Saale 1957	15,25	11	70,2 ± 2,2	67	85,7
			61	72,1 ± 1,1 (n=6)	69	84,3
	Hafer					
137/38	Omeko 1954	13,94	8	70,4 ± 1,4	76	83,0
178/79	Omeko 1955	11,50	10	71,0 ± 3,8	73	84,3
180/81	Omeko 1956	11,81	11	74,0 ± 3,5	—	82,6
137/38	Flämingsgold 1954	13,50	8	[77,2 ± 1,6	76	84,2]
178/79	Flämiugsgold 1955	11,44	11	71,3 ± 2,6	77	84,4
180/81	Flämingsgold 1956	11,69	12	[51,3 ± 4,1	—	82,0]
227	Flämingsgold 1957	13,56	8	64,9 ± 2,9	79	87,1
	Flämingsgold 1957	15,44	8	64,3 ± 2,7	85	87,9
228	Flämingsgold 1957	16,63	8	61,7 ± 2,2	81	91,2
137/38	Flämingstreue 1954	13,81	7	75,2 ± 2,1	76	83,6
178/79	Flämingstreue 1955	10,06	12	63,0 ± 2,5	80	84,3
180/81	Flämingstreue 1956	12,31	10	69,4 ± 3,9	—	86,0
137/38	Intensiv 1954	13,00	8	73,7 ± 1,6	73	83,7
178/79	Pfiffelbacher gelb 1955	11,13	10	67,1 ± 2,5	74	83,6
180/81	Pfiffelbacher gelb 1956	10,75	12	[58,7 ± 4,6	72	82,5]
			111	68,8 ± 1,3 (n=12)	77	85,1
220/22	*Mais* Schindelmeiser 1957	10,94	15	63,7 ± 2,0	—	88,0

[ ] bei Berechnung des Mittelwertes ausgeschaltet.

Tabelle 2 (Forts.)

Vers.-Nr.	Nahrungs- bzw. Futtermittel	Rohprotein % Tr.-S.	Zahl der Tiere	Biologische Wertigkeit des Eiweißes	EAA-Index	wahre Verdaulichkeit %
	Chinesische Reissorten 1956 [1])					
235/36	KUANG CHANG 13	8,19	11	76,6 ± 1,6	79	91,3
„	CHANG TSU Nr. 107	8,88	12	76,5 ± 1,3	75	92,0
„	PO LJ CHAN	12,44	12	69,3 ± 1,1	68	91,1
			35	74,2 ± 2,4 (n = 3)	74	91,5
102	Weizenkleber 1953	82,06	12	72,9 ± 1,6	68	93,3
174/77	Weizenkleie	17,31	15	66,4 ± 3,3	—	72,1

[1]) tägliche N-Gabe = 1.2%.

Auch beim Hafer kann man einen deutlichen Einfluß der Jahreswitterung auf den Rohproteingehalt erkennen. Im Trockenjahr 1954 wurden jeweils die höchsten Rohproteinwerte festgestellt. Aber auch hier liegen keine gesicherten Unterschiede in der BW des Eiweißes vor.

Tabelle 3

Getreidesorten	Biologische Wertigkeit
Winterweizen	
Bastard II	72.4
Derenburger Silber	68.4
Hadmerslebener IV	66.5
Wintergerste	
Mahndorfer	70.7
Friedrichswerther	(72.9)
Kl. Wanzlebener 12	68.9
Kl. Wanzlebener Rekord	(74.9)
Sommergerste	
Freya	72.9
Saale	71.2
Hafer	
Omeko	71.8
Flämingsgold	65.6
Flämingstreue	69.2
Pfiffelbacher	(67.1)

Inwieweit ein Einfluß der Sorte vorhanden ist, läßt sich gleichfalls nur bedingt erkennen; denn er wird besonders durch die verschiedenartigen Ergebnisse in den einzelnen Versuchsjahren verschleiert. Wie die vorstehende Tabelle 3 zeigt, scheinen doch gewisse Unterschiede zwischen den Sorten beim Winterweizen und Hafer aufzutreten.

Nach dieser Tabelle sind beim Winterweizen gewisse Unterschiede zwischen den Sorten Bastard II mit der BW von 72 gegenüber Hadmerslebener IV mit einer BW von 66, beim Hafer zwischen Omeko und den anderen Sorten vorhanden. Aber insgesamt sind diese Unterschiede relativ gering, und sie können praktisch zunächst vernachlässigt werden.

Nachfolgend sollen die Ergebnisse für die verschiedenen Getreidearten zusammengefaßt betrachtet werden (Tabelle 4):

Tabelle 4.
Biologische Wertigkeit des Eiweißes der verschiedenen Getreidearten
(Rattenversuche)

Futtermittel	Zahl der Sorten	Zahl der Versuche	Zahl der Tiere	Biolog. Wertigkeit	EAA-Index	wahre Verdaulichkeit %
Winterweizen . . .	3	6	56	69,1	88	86,7
Österr. Weizen . .	2	6	59	60,0	81	91,4
Chines. Weizen . .	4	4	39	70,3	61	86,2
Sommerweizen . .	1	1	10	68,3	92	86,9
Winterroggen . .	2	2	19	78,4	76	80,5
Wintergerste . . .	4	6	59	69,7	82	82,6
Sommergerste . . .	2	6	61	72,1	69	84,3
Hafer	5	12	111	68,8	77	85,1
Mais	1	1	15	63,7	—	88,0
Chines. Reis . . .	3	3	35	74,2	74	91,8

Diese Tabelle zeigt, daß die BW bei den meisten unserer wichtigen Getreidearten (Gerste, Weizen, Hafer) mit Werten um rd. 70 für ein pflanzliches Protein recht günstig liegt. Die Unterschiede in der Wertigkeit des Eiweißes dieser Getreidearten sind nur gering. Auch die 4 untersuchten chinesischen Weizensorten stimmen bei etwa gleicher Höhe des Proteingehaltes in Bezug auf Verdaulichkeit und biologische Wertigkeit des Eiweißes mit unseren Sorten praktisch überein, während die österreichischen Weizensorten bei extrem hohem Rohproteingehalt in der BW deutlich abfallen.

Eine überraschend hohe Wertigkeit von 78 weist dagegen nach diesen Untersuchungen das Roggeneiweiß auf. Hierzu muß bemerkt werden, daß bei dem niedrigen Proteingehalt des Roggens nur eine N-Menge von 120 mg je Tier und Tag gegenüber 150 mg je Tag bei den anderen Arten verabreicht werden konnte. Aus früheren Untersuchungen ist bekannt, daß die biologische Wertigkeit bei geringeren N-Gaben ansteigt. Es wird nachzuprüfen sein, ob dieser hohe Wert zutrifft.

Eine hohe Wertigkeit (von 76) ist auch bei einer recht hohen Verdaulichkeit von über 91% beim Reisprotein festzustellen; hingegen liegt umgekehrt beim Mais die Wertigkeit mit 64 im Verhältnis zu den anderen Getreidearten niedrig. Die an Reis und Mais erhaltenen Ergebnisse stimmen mit denen anderer Autoren (MITCHELL [11], LANG und SCHOEN [6]) die später noch im Zusammenhang diskutiert werden sollen, überein.

II. Leguminosen (Korn)

Von Hülsenfrüchten wurden 4 Sorten unserer bekanntesten Gemüseerbsen, 2 Proben Futtererbsen, je eine Probe von Süßlupinen und Ackerbohnen untersucht. Die Ergebnisse finden sich in Tabelle 5:

Tabelle 5.
Biologische Wertigkeit von Leguminosen (Korn)

Vers.-Nr.	Nahrungs- bzw. Futtermittel	Rohprotein % Tr.S.	Zahl der Tiere	Biologische Wertigkeit	EAA-Index	wahre Verdaulichkeit %
	Gemüseerbsen					
134/35/36	Goldkugel 1954	25,94	11	77,5 ± 1,8	72	81,3
149/50/52	Goldkugel 1955	24,75	11	80,0 ± 2,4	74	79,2
150/51/52	Baltersbacher 1955	21,31	[10	66,8 ± 3,2	72	74,9]
150/51/52	Waldoria 1955	25,63	11	72,6 ± 3,7	73	80,0
149/50/52	Nordsaat 1955	25,81	11	81,2 ± 1,9	77	78,5
			44	77,8 ± 1,9 (n=4)	74	79,6
	Futtererbsen					
208–209	Futtererbsen	20,94	7	53,7 ± 1,7	—	67,2
245–246	Futtererbsen	24,00	11	59,9 ± 3,6	—	84,6
			18	56,8	—	75,9
	Süßlupine					
193	Weiko III	44,38	10	55,4 ± 1,7	—	89,6
	Ackerbohnen					
203–204	Ackerbohnen	17,63	8	45,4 ± 3,9	—	54,6

Auch hier liegen die Werte für die BW des Gemüseerbseneiweißes mit einem Mittel von rd. 75 recht hoch; sie zeigen jedoch in der Größenordnung von 67–81 erhebliche Unterschiede zwischen den verschiedenen Sorten. SCHUPHAN und POSTEL [24] geben für Trockenerbsen einen auf mikrobiologischem Wege an 20 Sorten ermittelten EAA-Index an 70 an. Auch mit den von SCHILLER [19] an Ratten gefundenen Wertigkeiten stimmen unsere Ergebnisse unter Berücksichtigung der Sortenunterschiede relativ gut überein. Die Sorte Baltersbacher weist bei der geringsten Verdaulichkeit des Proteins die niedrigste Wertigkeit auf, die höch te Wertigkeit mit 81 zugleich mit den höchsten Werten für den EAA-Index die

Sorte Nordsaat. Diese hohe biologische Wertigkeit ist insofern überraschend, als die Gehalte an den schwefelhaltigen Aminosäuren Methionin und Cystin recht niedrig liegen (bei allerdings sonst günstigen Werten für den EAA-Index), wie die folgende Zusammenstellung zeigt (Tab. 6).

Tabelle 6.
Methionin- und Cystingehalt im Protein von 4 Gemüseerbsensorten

Sorte	Biologische Wertigkeit	Chemical Score	Methionin %	Cystin %
Goldkugel	78 u. 80	39	1,23	1,27
Baltersbacher . . .	67	35	1,17	1,05
Waldoria	73	30	1,09	0,84
Nordsaat	81	42	1,32	1,35

Die biologische Wertigkeit der Futtererbsen liegt mit 57 in der erwarteten Größenordnung, während die biologische Wertigkeit der Lupinensorte Weiko III mit 55 bei der günstigsten Aminosäurezusammensetzung etwas höher zu erwarten wäre. Auch bei den Rattenversuchen bestätigt sich die an Schweinen ermittelte niedrige biologische Wertigkeit des Bohnenproteins (mit 45.4).

III. Grünfutterstoffe

Hier kamen 6 Arten (Rotklee, gelbe Süßlupine, Luzerne, Ackerbohnen, Futtererbsen, Futterwicken) mit je 1 Probe zur Untersuchung. Für die Fütterung wurde das Material im Umlauf-Trockenschrank vorsichtig bei 45–50° C getrocknet und dann in gemahlener Form verabreicht. Es erscheint vertretbar, die erhaltenen Werte auch auf frisches Grünfutter zu beziehen. Die Ratten nahmen die Grünmehle z. T. nur ungern auf, so daß in den verschiedenen Versuchsreihen nur geringere N-Gaben (0,75, 1,0 und 1,2%) verabreicht werden konnten, wodurch die Aussagekraft dieser Versuche erheblich eingeengt ist.

Die Ergebnisse sind in Tabelle 7 niedergelegt.

Tabelle 7.
Die biologische Wertigkeit von getrockneten Grünfuttermitteln

Vers.-Nr.	Nahrungs- u. Futtermittel	Rohproteingehalt %	Zahl der Tiere	Biologische Wertigkeit	EAA-Index	wahre Verdaulichkeit %
88, 89, 91 92, 94	Rotklee	19,25	19	52,4 ± 2,7	—	61,2
67	gelbe Lupine . . .	21,63	12	49,3 ± 2,0	76	70,0
120/21	Luzerne	23,50	8	71,9 ± 3,1	84	64,5
95, 97	Bohnen 1954 . . .	22,56	12	53,5 ± 1,9	80	67,9
99, 101	Futtererbsen	26,13	12	55,2 ± 1,4	72	71,9
	Futterwicken . . .	28,75	12	39,8 ± 2,5	79	73,6

Zwischen den 6 verschiedenen Grünfutterstoffen ergeben sich erhebliche Unterschiede. Bei Rotklee und der gelben Süßlupine liegt die biologische Wertigkeit von ca. 50 auf einer mäßigen Höhe, bei Bohnen und Futtererbsen mit 54 und 55 geringfügig besser, dagegen bei der Luzerne mit 72 recht günstig. Das weist auf die relativ hohen Werte für den Gehalt an den wichtigsten essentiellen Aminosäuren hin, wie die folgenden Angaben zeigen (Tabelle 8):

Tabelle 8.
Gehalt an essentiellen Aminosäuren im Protein der Luzerne
(in % bezogen auf N = 16%)

Arginin	5.41
Histidin	3.02
Lysin	5.15
Phenylalanin	5.55
Tyrosin	4.30
Tryptophan	1.67
Methionin	2.51
Threonin	5.15
Valin	4.94
Leucin + Isoleucin	14.22
EAA-Index	84

Im übrigen stimmen hier die Werte für die biologische Wertigkeit und die EAA-Indices vielfach nur schlecht überein, was im Zusammenhang mit den Schwierigkeiten bei der Futteraufnahme stehen mag.

IV. Blätter der verschiedenen Kohlarten

Von einer größeren Anzahl als Gemüse weitverbreiteter Kohlarten und ähnlicher Pflanzen wurden die Blätter (z. T. Abfälle des Gemüses), die als Futtermittel wegen ihres günstigen Nährstoff- und Vitamingehaltes und der hohen Verdaulichkeit von Bedeutung sind, auf ihre biologische Wertigkeit untersucht. In diese Untersuchungen bezogen wir auch den Chinakohl (Brassica chinensis) ein, der in China wie aber auch in Europa als Gemüse vielfache Verwendung findet. Die Ereignisse befinden sich in Tabelle 9.

Die günstigste biologische Wertigkeit hat mit rd. 72 der Chinakohl (Blatt) aufzuweisen. Die niedrigen Werte für die Ernte des Jahres 1956 sind durch die ungünstigen Erntebedingungen in diesem Jahr zu erklären. Der Kohl wurde bereits erheblich angewelkt angeliefert. An den Chinakohl schließt sich das Rosenkohl- und Blumenkohlblatt mit einer biologischen Wertigkeit von 67 für diese beiden Arten an. Der Wert für das Blumenkohlblatt 1955 kann ausgeschaltet werden, da der niedrige Gehalt an Rohprotein und die geringe Verdaulichkeit erkennen lassen, daß es sich hier um ein Material von minderwertiger Beschaffenheit handelt. Andererseits ergibt sich hieraus, daß derartige Einflüsse sich deutlich in der biologischen Wertigkeit auswirken können. Das Grünkohlblatt weist eine mittlere biologische Wertigkeit von rd. 59 bei einer relativ günstigen Verdaulichkeit auf.

Tabelle 9.

Die biologische Wertigkeit von Kohlarten (Blätter)

Vers.-Nr	Nahrungs- bzw. Futtermittel	Roh-protein gehalt % Tr.S.	Zahl der Tiere	Biologische Wertigkeit	EAA-Index	wahre Verdaulichkeit %
113/14/15	Chinakohl 1954	27,75	11	75,3 ± 2,3	81	76,1
147/148	Chinakohl 1955	22,94	8	70,4 ± 6,0	78	68,0
170/173	Chinakohl 1956	23,88	[15	58,1 ± 2,9	—	68,0]
116/117	Rosenkohl 1954	19,69	17	67,1 ± 1,6	65	65,4
113/14/16	Blumenkohl 1954	26,06	11	67,4 ± 2,1	79	72,0
147/148	Blumenkohl 1955	13,63	[11	55,9 ± 2,6	84	59,3]
114/115	Grünkohl 1954	25,50	16	60,4 ± 2,9	83	71,0
170/171	Grünkohl 1956	21,50	10	57,9 ± 3,5	—	65,0
172/173	Kohlrabi 1956	17,38	7	42,8 ± 3,5	—	61,6
212/213	Rotkohl 1956	15,56	7	34,0 ± 5,1	48	55,8
122/23/25	Markstammkohl 1954	24,31	10	64,4 ± 2,8	79	71,5
112/13/15	Markstammkohl 1954	25,56	20	57,8 ± 1,3	77	72,3
66	Wrukenblatt 1953	23,31	12	44,6 ± 1,2	77	77,2
212/213	Wrukenblatt 1956 (Grünk. Gelbe)	20,50	10	44,9 ± 4,3	68 (26)	65,1
218/219	Wrukenblatt 1956 (Criew. Gelbe)	18,88	10	41,9 ± 2,5	—	68,1
218/219	Wrukenblatt 1956 Meckl. Weiße)	18,38	11	46,8 ± 3,2	64 (26)	69,5
	Wrukenblatt im Mittel		43	44,6 ± 1,0 (n=4)	70	70,0

Auffallend niedrige Wertigkeiten sind beim Kohlrabi- und Rotkohlblatt gefunden worden, ohne daß ein direkter Grund dafür angegeben werden kann. Zwar liegt bei diesen beiden Arten der Proteingehalt im Vergleich zu den anderen Kohlarten am niedrigsten und der Gehalt an Rohfaser deutlich höher. Aber diese Werte für die biologische Wertigkeit sind doch erheblich niedriger als die an Schweinen ermittelten (NEHRING, LAUBE [16]), während bei den anderen Kohlblättern die Differenzen wesentlich geringer waren.

Ferner wurden in diese Untersuchungen Markstammkohlblatt und das Wrukenblatt einbezogen. Bei günstigem Gehalt hat das Rohprotein des Markstammkohlblattes eine befriedigende Wertigkeit von 61 bei einer durchaus guten Verdaulichkeit von über 70% aufzuweisen. Recht ungünstig ist dagegen wiederum das Ergebnis beim Wrukenblatt. Bei einer Proteinverdaulichkeit von nahezu 70% liegt die biologische Wertigkeit nur bei ca. 45; sie ist damit deutlich niedriger als die beim Schwein (BW = 70). Die Bestimmungen des Gehaltes an essentiellen Aminosäuren (EAA-Indices = 64, 68 bzw. 77) bestätigen mehr die Ergebnisse der Schweineversuche als die der Ratten.

V. Ölsaatenrückstände und Hefe

Ölsaatenrückstände sind als Futtermittel von ganz wesentlicher Bedeutung. Allerdings werden sie im allgemeinen vornehmlich in der Fütterung der Rinder eingesetzt. In den letzten Jahren gewinnt ihr Einsatz auch in der Schweinefütterung eine zunehmende Bedeutung. Dies gilt insbesondere für das Sojaextraktionsschrot, das sich in getoasteter (dampferhitzter) Form in der Schweinemast nach verschiedenen Untersuchungen (vgl. z. B. KIRSCH [4]) dem tierischen Eiweiß als nahezu gleichzeitig erwiesen hat. Die Untersuchungen sind mit Soja-, Sesam- (2 Proben) und Sonnenblumensamenextraktionsschrot durchgeführt worden. Tabelle 10 zeigt die Ergebnisse.

Tabelle 10.
Biologische Wertigkeit von Ölsaatrückständen und Hefe

Vers.-Nr.	Nahrungs- und Futtermittel	Rohproteingehalt % Tr.S.	Zahl der Tiere	Biologische Wertigkeit	EAA-Index	wahre Verdaulichkeit
96	Sesamextraktionsschrot 1954	46,94	12	76,2 ± 2,7	76	78,6
143/144	Sesamextraktionsschrot 1955	46,75	12	68,3 ± 2,2	75	79,2
				72,3	76	78,9
104	Sonnenblumen-extraktionsschrot 1954	35,00	16	72,0 ± 2,1	—	77,0
174/177	Sojaextraktionsschrot 1956	50,81	16	64,7 ± 2,0	80	73,0
59–62	Futtertrockenhefe „Provona“, Sulfitablaugenhefe VEB Agfa Wolfen	37,36	18	66,7 ± 2,2	74	90,0

Das Sojaschrot weist hier bei einer nicht zu hohen Verdaulichkeit von 73% eine mittlere Wertigkeit seines Eiweißes von knapp 65 auf. Die biologische Wertigkeit der beiden anderen Extraktionsschrote liegt etwas günstiger. Dieses Ergebnis der Versuche mit Sesamextraktionsschrot steht im Gegensatz zu den bei den Schweinen erhaltenen Resultaten, bei denen im Mittel von 17 Versuchen eine niedrige Wertigkeit von nur 42.7 (± 1,1) festgestellt worden ist.

Bei der Hefe handelt es sich um die Sulfitablaugenhefe „Provona“ des VEB Agfa Wolfen. Die biologische Wertigkeit ihres Proteins entspricht mit 67 den von anderen Autoren gefundenen Werten [5, 9].

VI. Kartoffeln

Aus Versuchen an Schweinen ist bekannt, daß das Kartoffeleiweiß sich durch seine hohe biologische Wertigkeit auszeichnet, die durch die Ergebnisse der Bausteinanalyse bestätigt wurde. Allerdings kann bei den Kartoffeln der Gehalt an Rohprotein z. T. erhebliche Unterschiede aufweisen. So schwankte bei unseren früheren Untersuchungen der Proteingehalt von 5–15%.

Nach den Untersuchungen von MULDER [10] und von REISSIG [13] sind diese Schwankungen im Rohproteingehalt vor allem auf das Vorhandensein der Nhaltigen Verbindungen nichteiweißartiger Natur zurückzuführen, deren Gehalt und Zusammensetzung durch die ökologischen Faktoren stark beeinflußt werden können, während die Zusammensetzung des eigentlichen Kartoffeleiweißes genetisch manifest ist.

Es wurde eine Reihe von neuen Sorten, insbesondere die von Prof. LEMBKE gezüchteten, zu diesen Untersuchungen herangezogen. Das Ergebnis wird in Tabelle 11 wiedergegeben.

Tabelle 11.

Biologische Wertigkeit des Proteins in den Kartoffeln

Vers.-Nr.	Nahrungs- bzw. Futtermittel	Rohproteingehalt %	Zahl der Tiere	Biologische Wertigkeit	EAA-Index	wahre Verdaulichkeit %
	Kartoffelsorten 1956					
184/85	Malchow 461/113 (mittelfrüh)	10,31	15	70,0 ± 3,9	96	83,7
„	Nova (mittelspät)	10,75	15	71,4 ± 3,2	97	83,2
„	Mira („)	7,31	14	69,5 ± 1,9	95	86,4
„	Argo („)	9,75	15	74,1 ± 2,5	83	84,7
„	Argo 710 (mittelspät)	10,13	16	70,9 ± 3,5	86	85,4
182/183	Capella (späte)	9,38	[15	79,7 ± 2,2	97	85,5]
	Kartoffelsorten 1957					
237/238	Bona (mittelfrüh)	11,19	10	67,0 ± 3,7	87	82,8
„	Frühnudel (mittelfrüh)	10,13	12	70,7 ± 3,4	85	84,8
„	Argo (mittelspät)	8,69	9	70,7 ± 2,8	98	77,1
250/251	Fink	10,81	10	74,2 ± 2,7	—	85,5
			116	70,9 ± 0,7 (n=9)	92	83,7

Die Werte der untersuchten Sorten unterscheiden sich nicht wesentlich voneinander. Bei normaler Schwankungsbreite der Einzelwerte sind Unterschiede in der BW zwischen den verschiedenen Sorten nur in geringem Umfang vorhanden; die Werte liegen mit Ausnahme von Capella zwischen 67 und 74. Capella hat mit nahezu 80 gegenüber den meisten anderen Sorten eine gesichert höhere biologische Eiweißwertigkeit. Es wird nachzuprüfen sein, ob diese Unterschiede sich in den verschiedenen Jahren bestätigen lassen. Bei der Sorte Argo hat die Durchführung der Bestimmungen in 2 verschiedenen Jahren praktisch die gleichen Ergebnisse gebracht.

In der praktischen Fütterung werden die Kartoffeln als Mastfuttermittel vielfach zusammen mit Gerste und Fischmehl eingesetzt. Wir prüften in unseren Versuchen eine Mischung von Kartoffeln und Gerste, wobei folgende Ergebnisse erhalten wurden (Tab. 12):

Tabelle 12.

Die biologische Wertigkeit von Gerste und Kartoffeln einzeln und im Gemisch

Futtermittel	Rohproteingehalt % Tr.S.	Zahl der Tiere	Biologische Wertigkeit	GD
Gerste (Kl. Wanzleb. 12)	11,13	10	69,6 ± 1,9	P < 0,01
Kartoffeln (Malch. 461/715)	11,19	9	72,6 ± 3,9	n.s.
Kartoffeln + Gerste	—	6	82,0 ± 2,6	—

Es ergibt sich hieraus deutlich, daß die Wertigkeit des Gemisches von Kartoffeln und Gerste wesentlich höher liegt als die der einzelnen Komponenten. Das weist auf eine gegenseitige Ergänzungswirkung der verschiedenen Eiweißfutterstoffe hin, die in einer 3. Mitteilung behandelt werden soll.

VII. Futterstoffe tierischer Herkunft

Diese zeichnen sich im allgemeinen bei ihrem Gehalt an den dem Eiweiß der Tiere artverwandten Proteinen und bei ihrem günstigen Aminosäurespektrum durch eine hohe biologische Wertigkeit aus. Neben Vollei- und Magermilchpulver wurden vor allem verschiedene Fischmehle untersucht. – „Saßnitz Spezial" stellt eine Mischung von Fish-solubles mit Weizenkleie dar. – Die Ergebnisse sind in Tabelle 13 zusammengefaßt.

Das Volleiprotein zeigt sich erwartungsgemäß mit einer Wertigkeit von 95 bei geringer Streubreite der Einzelwerte den anderen Futterstoffen deutlich überlegen, während das Magermilchpulver etwas niedrigere Werte ergab. Hier macht sich vielfach ein Einfluß des Lagerns deutlich bemerkbar [3, 20]. Zwischen den verschiedenen Herkünften der Fischmehle zeigten sich mehr oder weniger große Differenzen. Die höchsten Werte weisen bei Unterschieden im Rohproteingehalt Dorsch- und Rotbarschmehl sowie das Fischmehl 1960 aus Rostock (84,82 und 82) auf. Es folgen mit 77 und 73.5 die beiden Proben norwegischer Herkunft, an die sich das Fischmehl aus Rostock mit 71.8 anschließt. Die weitere Reihenfolge ist Fischvollmehl aus Rostock, Friesenkrone 41 und Norwegisches Heringsmehl mit einer BW von 69.3, 69.2 bzw. 66.7. Eine auffallend niedrige biologische Wertigkeit weisen mit 51 und 49 Cuxhavener und „Saßnitz Spezial" auf. Die nach der mikrobiologischen Schnellmethode und in den Versuchen an Schweinen gefundenen Werte [14] bestätigen die o. a. Unterschiede. Das Heringsfilet liegt mit seiner Wertigkeit (79.0), wie zu erwarten, sehr günstig. Der niedrige Wert der Heringsmilch wurde in den anderen Versuchen [14] ebenfalls bestätigt.

Die Ursachen für die verschiedene Höhe der biologischen Wertigkeit der Fischmehle wird man jedoch nicht so sehr in einem verschiedenen Gehalt an den einzelnen Aminosäuren sehen können, sondern vielmehr in der verschiedenen Verarbeitung der Rohprodukte sowie in den Vorgängen bei der Lagerung. Ob darüberhinaus bei bestimmten Fischarten doch gewisse Differenzen in dem Gehalt

Tabelle 13.

Biologische Wertigkeit von Futtermitteln tierischer Herkunft

Vers.-Nr.	Nahrungs- bzw. Futtermittel	Rohproteingehalt % Tr.S.	Zahl der Tiere	Biologische Wertigkeit	EAA-Index	wahre Verdaulichkeit %
198	Volleipulver 1957	49,31	8	94,9 ± 1,2	80	82,6
287/88	„ 1960	48,63	10	96,5 ± 1,1	100	97,7
198	Magermilchpulver 1957	35,94	7	76,3 ± 1,5	86	90,8
289/290	Dorschmehl 1960	76,81	10	83,6 ± 1,8	—	94,1
140	Rotbarschmehl	59,69	12	82,3 ± 2,2	82	85,4
287	Fischmehl (Rostock) 1960	71,69	10	82,3 ± 1,3		95,1
258	Heringsfilet 1959	72,69	9	79,0 ± 2,1	—	99,0
189/190	Norweger C 1	80,06	9	76,8 ± 2,1	—	88,1
„	Norweger K	78,25	9	73,5 ± 2,2	—	84,9
223/224	Fischmehl (Rostock)	66,63	12	71,8 ± 2,5	87	91,6
„	Fischvollmehl (Rostock)	65,63	12	69,3 ± 2,2	81	92,2
189/190	Friesenkrone 41	47,75	10	69,2 ± 3,0	88	83,2
259	Norweg. Heringsmehl 1959	74,75	9	66,7 ± 2,1	—	90,4
189/190	Cuxhavener 37/38	57,69	10	51,1 ± 2,2	91	72,8
223/224	„Saßnitz Spezial“	44,88	12	49,3 ± 1,9	61	91,1
154/156	Heringsrogen	72,88	10	71,3 ± 2,4	86	86,2
154/156	Heringsmilch	76,31	9	43,7 ± 3,2	76	68,9
164/165	Betamehl	23,50	7	69,2 ± 1,2	—	68,9
202	Tierkörpermehl [1])	69,75	6	61,3 ± 2,9	—	78,5

[1]) tägl. N-Gabe 1,2 %

an Aminosäuren bestehen, worauf einige Untersuchungsergebnisse bei einem Fischmehl aus Rotbarsch hindeuten, – Rotbarsch wies einen günstigeren Lysin- und Methioningehalt auf als die anderen Fischarten – werden weitere Untersuchungen klären müssen. Die im allgemeinen günstige Wertigkeit der Fischmehle wird in erster Linie auf einen relativ hohen Lysingehalt (vielfach über 6%) und einen nicht ungünstigen Methioningehalt (> 3%) zurückzuführen sein.

D. Diskussion der Ergebnisse

Tabelle 14 gestattet einen Vergleich zwischen unseren Ergebnissen und den Befunden anderer Autoren über die BW von Nahrungs- und Futtermitteln:

Diese Aufstellung demonstriert gleichzeitig eine gewisse Rangordnung für die BW verschiedener Nahrungs- und Futtermittel. Danach besteht eine relativ gute Übereinstimmung zwischen den entsprechenden Werten der zitierten Autoren. Nur die biologischen Wertigkeiten für Sojabohnen, Sonnenblumen und Luzerne weichen stärker voneinander ab. Diese Differenzen können Folge der unterschiedlichen Verarbeitung jener Produkte sein.

Tabelle 14.

Biologische Wertigkeit der Proteine einiger Nahrungs- und Futtermittel
(untersucht an Albinoratten und Schweinen)

Protein	Biologische Wertigkeit				
	Nach MITCHELL (9)		Nach LANG u. SCHÖN (6)	Eigene Untersuchungen	
	Ratte	Schwein	Ratte	Ratte	Schwein (16)
Vollei	96	—	94	95	—
Milch	92	95	85	—	—
Fisch	85	76	80–90	73 (51—84)	71
Kartoffel	—	—	67—72	71	—
Reis	70	—	77	74	—
Weizen	67	—	67	69	—
Mais	62	61	60	64	—
Roggen	—	—	—	78	—
Gerste	—	—	64	70	55
Hafer	65	—	65 (Flocken)	69	—
Sojabohne	75	—	64	65	60
Sonnenblume	65	49	—	72	—
Sesam	—	—	—	72	43
Hefe	63—69	—	69	67	75
Luzerne	58	—	—	72	66
Rotklee	—	—	—	52	60

Die Umrechnung der Werte für die BW auf den physiologischen Nutzwert des Eiweißes (NPU) nach MITCHELL [7, 8, 9] ist aus der folgenden Darstellung zu ersehen (Tabelle 15):

Tabelle 15.

Der physiologische Nutzwert verschiedener Proteine für Ratten

Protein	NPU	
	nach LANG u. SCHOEN	eigene Ergebnisse
Vollei	94	94
Magermilchpulver	80	69
Reis	70	68
Weizen	61	60
Mais	49	56
Gerste	58	58
Hafer	61 (— Flocken)	59
Kartoffeln	60	59
Hefe	56	60

Unsere Ergebnisse stimmen danach bis auf Magermilchpulver mit den von LANG und SCHOEN erhaltenen überein. Bei Magermilchpulver liegen unsere Werte offenbar infolge schlechterer Verdaulichkeit niedriger.

Die folgende Zusammenstellung – Tabelle 16 – enthält Mittelwerte der BW-Versuche an Schweinen und Ratten sowie die parallel dazu papierchromatographisch bestimmten EAA-Indixes. Bereits vorliegende mit Hilfe des von NEHRING und WÜNSCHE entwickelten mikrobiologischen Schnellbestimmungsverfahrens ermittelte Wertigkeitszahlen sind ebenfalls aufgeführt.

Tabelle 16.
Biologische Wertigkeit einiger Futtereiweißstoffe

Futtermittel	Biologische Wertigkeit		EAA-Index	Mikrobiol. Schnell-methode
	Ratte	Schwein		
Gerste	70	55	70	
Futtererbsen	57	68	—	
Lupine Weiko III	55	58	—	56
Luzerne	72	66	84	
Rotklee	52	60	—	
Süßlupine	49	68	76	
Markstammkohlblatt	61	74	78	
Chinakohlblatt	73	71	79	
Wrukenblatt	45	74	70	
Blumenkohlblatt	67	74	79	
Rosenkohlblatt	67	67	65	
Kohlrabiblatt	43	70	—	
Grünkohlblatt	59	68	83	
Wirsingkohlblatt	—	64	—	
Rotkohlblatt	34	67	48	
Sojaextraktionsschrot	65	60	80	63
Sesamextraktionsschrot	72	43	76	
Sulfitablaugenhefe	67	75	74	
Rotbarschmehl	82	84	82	79
Heringsrogen	71	71	86	65
Heringsmilch	44	45	76	43

Bei 5 der insgesamt 21 Futtermittel (Chinakohl-, Blumenkohl-, Rosenkohlblatt, Sulfitablaugenhefe und Rotbarschmehl) ergibt sich eine recht gute Übereinstimmung der BW aus den 2 biologischen(Ratte, Schwein) und dem chemischen Verfahren (Papierchromatographie). Die Wertigkeiten von 5 Nahrungs- bzw. Futtermitteln (Lupine, Sojaextraktionsschrot, Rotbarschmehl, Heringsrogen und Heringsmilch) liegen bei allen 3 biologischen Untersuchungsverfahren eng beieinander. Bei 13 Nahrungs- bzw. Futterstoffen stimmen die Werte aus den Versuchen an Ratten und Schweinen befriedigend bis gut überein. Die z. T. sehr starken Abweichungen der aus den Ratten- und Schweineversuchen ermittelten biologischen Wertigkeiten einiger Grünfutterstoffe (Süßlupine, Markstammkohl-, Wruken-, Kohlrabi- und Rotkohlblatt) können durch die starke Abneigung der Ratten gegenüber diesen Futterstoffen erklärt werden. Die an Ratten gewonnenen Werte müssen daher sehr skeptisch aufgenommen werden. Dagegen sind die bei Gerste und Sesamextraktionsschrot gefundenen Divergenzen nicht erklärlich. Hier kann nur eine nochmalige Versuchsanstellung zur Klärung beitragen.

Die bekanntlich sehr hohe Wertigkeit des Fischmehls, die bei einigen Proben über den Wert von 80 hinausgeht, wird bestätigt. Bei den Grünfutterstoffen übertrifft die Luzerne in der Eiweißwertigkeit die anderen infolge ihres relativ günstigen Aminosäuremusters. Das Eiweiß der verschiedenen Kohlarten ist von mittlerer bis guter Qualität; unsere Ergebnisse bestätigen die von SCHUPHAN [21–23] auf mikrobiologischem Wege ermittelten Wertigkeiten. Einen besonders günstigen Eiweißwert weisen die Blätter von Chinakohl, Markstammkohl, Wruken und Blumenkohl auf. Das gleiche trifft auch auf die Hefe zu. Das Eiweiß der Leguminosen ist mittelmäßig. Bezüglich des Sojaextraktionsschrotes muß betont werden, daß das untersuchte Produkt *nicht* dampferhitzt (getoastet) war.

Über den Einfluß zusätzlicher Stickstoffdüngung zu Getreidearten auf deren Proteinqualität wird später nach Abschluß aller Versuche zu berichten sein.

Zusammenfassung

In Versuchen an Ratten ist von 53 Futtermitteln mit 90 Einzelproben in mehr als 1200 Einzelversuchen die biologische Wertigkeit des Eiweißes nach dem N-Bilanzverfahren von THOMAS-MITCHELL bestimmt worden. Es wurden folgende Ergebnisse festgestellt:

1. Die höchsten Werte für die biologische Wertigkeit (BW) wurde bei den tierischen Eiweißfutterstoffen erhalten. Bei den Fischmehlen schwankten die Werte erheblich, was vor allem auf die verschiedenen Bearbeitungsverfahren zurückgeführt wurde.

2. Auch das Kartoffeleiweiß wies eine hohe BW auf; bei der Sorte Capella lag die BW über 80.

3. Das Protein der verschiedenen Getreidearten und der Ölsaatenextraktionsschrote zeigte bei den Ratten eine relativ hohe BW.

4. Bei jungen Grünfutterstoffen schwankten die Werte für die BW verhältnismäßig stark (von 49 bei der Süßlupine bis zu 72 bei der Luzerne).

5. Auch beim Eiweiß der Blätter verschiedener Kohlarten ergaben sich erhebliche Schwankungen in den Werten für die BW (von 34 bis 67).

6. Als Ursache für die verschiedene BW ist der Gehalt an den verschiedenen essentiellen Aminosäuren anzusehen, wie aus den Vergleichen mit den EAA-Indices hervorgeht, wenn auch nicht immer ein Parallelgehen dieser Werte festzustellen war.

7. Die an Ratten erhaltenen Ergebnisse für die BW wiesen im allgemeinen eine befriedigende Übereinstimmung mit den an Schweinen erhaltenen Werten auf. Bei einzelnen Futterstoffen traten jedoch auch hier nicht unerhebliche Differenzen ein.

Literaturverzeichnis

1 BOCK, H. D.: Zur Bestimmung des N-Grundumsatzes bei wachsenden Albinoratten. Wiss. Abhandlungen DAL Nr. 37, 1958, 146—152.

2 COLUMBUS, A.: Stickstoffgrundumsatz und Methodik der Bestimmung der biologischen Eiweißwertigkeit nach dem N-Bilanzverfahren bei wachsenden Ratten. Arch. f. Tierernährung 1954, Beih. 4, 51—82.

3 FINK, H., J. SCHLIE u. U. RUGE: Magermilch erhält Lebernekrose verursachende Eigenschaften beim technischen Trocknen. Naturwiss. 1957, 283—284.

4 KIRSCH, W.: Intensive Nutzleistungen und intensive Haltungsformen bei Rind, Kalb und Schwein. Futter und Fütterung, 1960, **11**, 21—25.

5 LANG, K.: Biochemie der Ernährung. Beiträge der Ernährungswissenschaft Bd. 1, 1957, 411 S., Darmstadt, Verlag Steinkopf.

6 LANG, K. u. R. SCHOEN: Die Ernährung. 1952, 624 S., Berlin-Göttingen-Heidelberg, Springer Verlag.

7 MITCHELL, H. H.: A method of determining the biological value of protein. J. Biol. Chem. 1924, **58**, 873—903.

8 MITCHELL, H. H. u. G. G. CARMAN: The biological value for maintenance and growth of the proteins of whole wheat, eggs and pork. J. Biol. Chem. 1924, **60**, 613—620.

9 MITCHELL, H. H.: The dependence of the biological value of food proteins upon their content of essential amino acids. Wiss. Abh. der DAL, Berlin V/2, 1954, 253—325.

10 MULDER, E. G. u. K. BAKEMA: Effect of the nitrogen, phosphorus, potassium, and magnesium nutrition of potato plants on the amino-acid composition of the protein of the tubers. Plant and Soil VII, 1956, 135—165.

11 NEHRING, K. u. E. HAESLER: Untersuchungen über die biologische Wertigkeit von Eiweißfutterstoffen. 1. Mitt. Arch. f. Tierernährung 1954, Beih. 5, 110—126.

12 NEHRING, K. u. E. SCHWERDTFEGER: Die Bausteinanalyse der Futterproteine. Wiss. Abh. der DAL, Berlin V/2, 1954, 355—371.

13 NEHRING, K. u. E. SCHWERDTFEGER: Der Gehalt an essentiellen Aminosäuren in einigen Nahrungs- und Futtermitteln. Z. f. Lebensmittelunters. u. -Forschung, 1957, **105**, 12—21.

14 NEHRING, K. u. J. WÜNSCHE: Ein mikrobiologisches Schnellverfahren zur Bestimmung der Eiweißwertigkeit von Fischmehlen. Z. f. Tierphysiologie, Tierernährung u. Futtermittelkunde, 1959, **14**, 55—65.

15 NEHRING, K. u. W. LAUBE: Untersuchungen über die biologische Wertigkeit des Eiweißes verschiedener Futterstoffe beim wachsenden Schwein. Z. f. Tierphysiologie, Tierernährung u. Futtermittelkunde, 1961, **16**.

16 OSER, B. L.: J. Amer. Dietet. Ass. 1951, **27**, 396.

17 REISSIG, H.: Über die Möglichkeiten einer züchterischen Verbesserung der biologischen Wertigkeit von Kartoffeleiweiß. Der Züchter 1958, **28**, 51—60.

18 SCHILLER, K.: Über den Ergänzungswert von Eiweißträgern verschiedener Herkunft in der tierischen Ernährung. Arch. f. Tierernährung 1956, **6**, 92—103.

19 SCHILLER, K.: Veränderungen im Magermilchpulver während der Lagerung. Z. f. Tierernährung u. Futtermittelkunde 1956, **11**, 264—267.

20 SCHUPHAN, W.: I. Proteines et amino-acides. Teneurs en amino-acides indispensables des végétaux alimentaires et de leurs diverses organes. Qualitas Plantarum et Materiae Vegetabilis, 1958, Vol. III/IV, 19—33.

21 SCHUPHAN, W.: Différences génétiques qualité des protéines et de teneurs en amino-acides indispensables chez les végétaux alimentaires. Qualitas Plantarum et Materiae Vegetabilis, 1958, Vol. III/IV, 34—44.

22 SCHUPHAN, W. u. W. POSTEL: Action de la fumure et du climat sur la teneur en amino-acides indispensables. Qualitas Plantarum et Materiae Vegetabilis, 1958, Vol. III/IV, 45—61.

23 SCHUPHAN, W. u. W. POSTEL: Samenreife und essentielle Aminosäuren bei Pisum sativum L. Naturwiss. 1960, **47**, 323—324.

24 SNEDECOR, G.: Statistical Methods, 1956, 534 S. Ames, Jowa.

25 STEGER, H., O. LIEBENBERG, K. KASDORFF u. F. PÜSCHEL: Beitrag zum Vergleich einer gelben und weißen Kohlrübensorte, untersucht an den Sorten „Mecklenburgische Weiße" und „Grünköpfige Gelbe". Arch. f. Tierernährung 1958, **8**, 22—31.

26 THOMAS, K.: Über die biologische Wertigkeit der Stickstoffsubstanzen in verschiedenen Nahrungsmitteln. Beiträge zur Frage des physiologischen Stickstoffminimums. Arch.-Anat. u. Physiol. 1909, 219—305.

27 WEBER, E.: Grundriß der biologischen Statistik 1956, 456 S. Jena, VEB Fischer-Verlag.

Tabellenanhang

Nährstoffgehalt der in den BW-Versuchen getesteten Nahrungs- bzw. Futtermittel
(alle Werte sind auf 100% Tr.-S. bezogen)

Vers.-Nr.	Futtermittel	Organ. Subst. %	Rohprotein %	Rohfett %	Rohfaser %	Rohasche %	N-freie Extraktstoffe %
	Getreide (Korn)						
	Roggen						
201/02	Petkuser 1956	98,08	10,19	1,64	3,87	1,92	82,38
„	Marien 1956	98,06	8,88	1,54	2,69	1,94	84,95
	Winterweizen						
186	Bastard II 1955	98,30	13,44	2,24	3,34	1,70	79,28
191	Bastard II 1956	97,81	10,63	2,09	3,36	2,19	81,73
191	Derenburger Silber 1956	97,78	10,75	1,91	3,10	2,22	82,02
188	Hadmersleb. IV 1955	98,12	14,38	2,24	3,44	1,88	78,06
191	Hadmersleb. IV 1956	97,84	10,00	2,37	3,35	2,16	82,12
	Österr. Winterweizen						
254/55	Tassilo 1958	98,13	13,50	2,02	3,38	1,87	79,23
	Tassilo 1958	98,06	14,12	1,79	3,24	1,94	78,91
	Tassilo 1958	98,02	15,56	1,83	3,33	1,98	77,30
	Chinesische Weizensorten						
233/34	CH ITA 195	98,37	10,06	2,26	4,21	1,63	81,84
„	Chang Su 68	98,00	14,75	1,88	4,05	2,00	77,32
„	PI Ma Nr. 4	98,16	11,06	2,24	4,11	1,84	80,75
„	TSAO YANG MAJ	98,10	11,69	1,82	3,44	1,90	81,15
	Wintergerste						
194	Mahndorfer 1955	97,36	13,63	2,35	7,07	2,64	74,31
197	Mahndorfer 1956	97,35	11,19	2,88	5,79	2,65	77,49
194	Friedrichswerther Berg 1955	97,45	13,69	2,18	6,34	2,55	75,24
197	Friedrichswerther Berg 1956	97,44	10,86	2,54	6,36	2,56	77,68
194	Kl. Wanzleb. 12 1955	97,53	13,19	2,28	6,46	2,47	75,60
197	Kl. Wanzleb. 12 1956	97,43	10,94	2,54	6,94	2,57	77,01
194/200	Kl. Wanzleb. Rekord 1955	97,58	12,19	2,29	7,59	2,42	75,51
197/199	Kl. Wanzleb. Rekord 1956	97,54	12,00	2,66	7,33	2,66	75,35
	Sommergerste						
214/15	Freya 1957	97,32	11,06	2,79	5,67	2,68	77,80
	Freya 1957	97,33	11,69	2,96	6,40	2,67	76,28
	Freya 1957	97,19	14,00	2,89	4,45	2,81	75,85
216/17	Saale 1957	97,19	12,81	2,83	5,03	2,81	76,52
	Saale 1957	97,09	13,50	2,94	5,57	2,91	75,08
	Saale 1957	97,09	15,25	2,95	5,55	2,91	73,34

Tabellenanhang (Forts.)

Vers.-Nr.	Futtermittel	Organ. Subst. %	Roh-protein %	Roh-fett %	Roh-faser %	Roh-asche %	N-freie Extrakt-stoffe %
	Hafer						
227/28	Flämingsgold 1957	96,77	13,56	4,93	9,66	3,23	68,62
	„ 1957	96,90	15,44	5,00	8,27	3,10	68,19
	„ 1957	97,07	16,63	4,93	7,50	2,93	68,01
137/38	Omeko 1954	97,42	13,94	5,92	10,72	2,58	66,84
178/79	„ 1955	96,55	11,50	5,44	12,11	3,45	67,50
180/81	„ 1956	97,29	11,81	6,91	11,00	2,71	61,69
137/38	Flämingsgold 1954	97,47	13,50	5,44	10,57	2,53	67,96
180/81	„ 1956	97,29	11,69	6,04	12,66	2,71	66,90
137/38	Flämingstreue 1954	97,52	13,81	6,04	11,22	2,48	66,45
178/79	„ 1955	96,98	10,06	5,72	13,26	3,02	67,94
180/81	„ 1956	97,34	12,31	6,87	11,00	2,66	67,70
137/38	Intensiv 1954	97,43	13,00	6,16	10,89	2,57	67,38
178/79	Pfiffelbacher gelb 1955	96,67	11,13	5,40	12,95	3,33	67,19
180/81	„ „ 1956	97,25	10,75	6,38	13,75	2,75	66,37
220/22	*Mais 1957*	97,81	10,94	3,93	4,40	2,19	78,54
	Chinesische Reissorten						
235/36	KUANG CHANG 13	94,40	8,19	2,28	12,97	5,60	70,96
„	CHANG TSU Nr. 107	94,78	8,88	2,32	10,63	5,22	72,95
„	PO LI CHAN	93,43	12,44	2,43	16,03	6,57	62,53
	Erbsen (Korn)						
134/35/36	Goldkugel 1954	96,46	25,94	1,78	7,86	3,54	60,88
	Getrocknete Grünfuttermittel						
120/21	Luzerne	88,06	23,50	2,20	29,67	11,94	32,69
95,97	Futtererbsen 1954	91,68	26,13	2,93	28,17	8,32	34,45
99,101	Futterwicken 1954	88,26	28,75	2,74	28,31	11,74	28,46
	Bohnen 1954	93,16	22,56	2,69	1,94	6,84	65,97
	Kohlarten (Blätter)						
113/14/15	Chinakohl 1954	78,21	27,75	3,34	10,40	21,79	36,72
116/17	Rosenkohl 1954	82,35	19,69	3,93	12,68	17,65	46,05
113/14/16	Blumenkohl 1954	83,53	26,06	3,74	14,86	16,47	38,87
114/15	Grünkohl 1954	90,88	25,50	3,60	9,08	9,12	52,70
172/173	Kohlrabi 1956	81,46	17,38	4,33	35,00	18,54	24,75
212/ 13	Rotkohl 1956	84,49	15,56	3,67	16,03	15,51	35,57
122/23/25	Markstammkohl 1954	81,66	24,31	3,24	13,98	18,34	40,13
122/13/15	„ 1954	83,43	25,56	3,41	11,97	16,57	42,49
66	Wrukenblatt 1953	80,74	23,31	3,04	9,01	19,26	45,38
218/219	„ gelbe Criew. 1956	83,83	18,88	4,27	14,09	16,17	47,59
218/219	„ Meckl. Weiße 1956	84,91	18,38	3,86	12,25	15,09	50,42

Tabellenanhang (Forts.)

Vers.-Nr.	Futtermittel	Organ. Subst. %	Roh-protein %	Roh-fett %	Roh-faser %	Roh-asche %	N-freie Extrakt-stoffe %
	Kartoffelsorten						
184/85	Malchow 461/113	94,05	10,31	0,47	0,48	5,95	79,19
„	Nova	94,54	10,75	0,67	3,80	5,46	79,32
„	Mira	95,43	7,31	0,50	4,28	4,57	83,34
„	Argo	94,88	9,75	0,72	4,35	5,12	80,06
„	Argo 710	94,82	10,13	0,49	3,62	5,18	80,58
182/83	Capella	95,12	9,38	0,89	3,43	4,88	81,42
237/38	Frühnudel 1957	95,07	10,13	0,47	3,26	4,93	81,21
	Futtermittel tier. Herkunft						
198	Volleipulver 1957	96,05	49,31	23,30	—	3,95	23,44
198	Magermilchpulver 1957	91,65	35,94	0,21	—	8,35	56,50
	Fischmehle						
140	Rotbarschmehl	72,05	59,69	11,05	(0,88)	27,95	(0,43)
189/90	Cuxhavener 37/38	68,57	57,69	7,12	—	31,43	(3,76)
223/24	Fischvollmehl (Rostock)	73,75	65,63	8,12	—	26,25	—
„	Fischmehl (Rostock)	75,80	66,63	6,05	—	24,20	(3,12)
„	Saßnitz Spezial (Rostock)	86,58	44,88	3,43	7,22	13,42	31,05
189/90	Friesenkrone 41	59,66	47,75	4,40	—	40,34	(7,51)
189/90	Norweger C_1	90,74	80,06	7,82	—	9,26	(2,86)
202	Tierkörpermehl	72,60	69,75	2,85	—	27,40	—

Eingegangen am 8. 4. 1961

FSC
www.fsc.org
MIX
Papier | Fördert
gute Waldnutzung
FSC® C083411

Kolibri 360 GmbH
Ferdinand-Jühlke-Straße 7
99095 Erfurt, Deutschland
produktsicherheit@kolibri360.de